普通高等院校环境设计专业实训"十三五"规划教材
PUTONG GAODENG YUANXIAO HUANJING SHEJI ZHUANYE SHIXUN SHISANWU GUIHUA JIAOCAI

AutoCAD

SHINEI SHEJI YINGYONG

AutoCAD 室内设计应用

主 编

周　阳（绥化学院）

郑海霞（沈阳工学院）

副主编

万琳琳（沈阳工学院）

耿晓娜（哈尔滨远东理工学院）

吴安生（黑龙江农垦科技职业学院）

于　明（大庆高新技术产业开发区规划建筑设计院）

西南交通大学出版社

·成 都·

图书在版编目（ＣＩＰ）数据

AutoCAD 室内设计应用 / 周阳，郑海霞主编.—成都：西南交通大学出版社，2017.5

普通高等院校环境设计专业实训"十三五"规划教材

ISBN 978-7-5643-5420-6

Ⅰ．①A… Ⅱ．①周… ②郑… Ⅲ．①室内装饰设计 – 计算机辅助设计 – AutoCAD 软件 – 高等学校 – 教材 Ⅳ．①TU238.2-39

中国版本图书馆 CIP 数据核字（2017）第 091790 号

普通高等院校环境设计专业实训"十三五"规划教材

AutoCAD 室内设计应用

	责任编辑／李　伟
主　　编／周　阳　郑海霞	特邀编辑／张芬红
	封面设计／何东琳设计工作室

西南交通大学出版社出版发行

（成都市金牛区二环路北一段 111 号创新大厦 21 楼　610031）

发行部电话：028-87600564

网址：http://www.xnjdcbs.com

印刷：四川煤田地质制图印刷厂

成本尺寸　210 mm×285 mm

印张　11.75　　字数　352 千

版次　2017 年 5 月第 1 版　　印次　2017 年 5 月第 1 次印刷

书号　ISBN 978-7-5643-5420-6

定价　49.80 元

前 言
PREFACE

　　AutoCAD 软件是由美国欧特克有限公司（Autodesk）出品的一款自动计算机辅助设计软件，可以用于绘制二维图形和基本三维图形的设计。通过该软件无须懂得编程，即可自动制图，因此它在全球被广泛使用，可以用于土木建筑、室内设计、工业制图、工程制图、电子工业、服装加工等多个领域。

　　本书主要从 AutoCAD 软件在室内设计中的实际应用出发，一改有些教材通篇介绍命令工具的教学方法，让读者在实践中循序渐进地了解 AutoCAD 中各种工具的操作技巧，使读者以最快的速度掌握软件的基本功能。

　　本书由周阳、郑海霞担任主编，万琳琳、耿晓娜、吴安生、于明担任副主编。其中，第一、七章由周阳老师编写，第二、三章由郑海霞老师编写，第四、八章由于明设计师编写，第五章由万琳琳老师编写，第六章由吴安生、耿晓娜老师编写。

　　由于编者水平有限，加之时间匆忙，书中难免有疏漏和不妥之处，敬请读者批评指正，编者深表感谢！

编　者

2017 年 3 月

本书数字资源

目 录
CONTENTS

1 AutoCAD轻松入门

导读

本章主要介绍 AutoCAD 的基础知识。通过本章的学习，学生应能快速认识 AutoCAD 的工作界面以及绘图环境，并能熟练操作；了解 AutoCAD 绘图系统和绘图环境的参数设置；掌握 AutoCAD 的基本操作方法，为后续的学习做好准备。

学习要点

（1）了解和熟悉 AutoCAD 的操作界面。
（2）掌握 AutoCAD 绘图系统和绘图环境的设置方法。
（3）掌握 AutoCAD 视图窗口的操作方法。
（4）掌握 AutoCAD 图形文件的管理方法。
（5）掌握 AutoCAD 基本输入的操作方法。

1.1 AutoCAD的工作空间及工作空间的切换

根据不同的绘图要求，AutoCAD 提供了 4 种工作空间：草图与注释空间、三维基础、三维建模和 AutoCAD 经典。首次启动 AutoCAD 软件时，系统默认的工作空间为草图与注释空间，如图 1-1 所示，这个空间是 AutoCAD 2009 以后版本出现的新界面风格。

1.1.1 "草图与注释"工作空间

相比"AutoCAD 经典"工作空间来说，"草图与注释"工作空间用功能区代替工具栏。其界面主要由应用程序按钮、功能区选项卡、快速访问工具栏、绘图区、命令行、状态栏等元素组成，如图 1-1 所示。

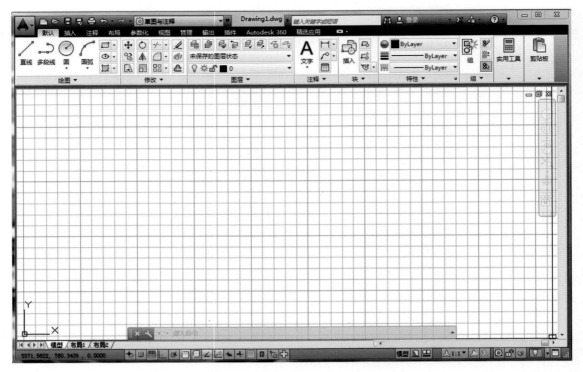

图 1-1 "草图与注释"工作空间

1.1.2 "三维基础"工作空间

"三维基础"工作空间侧重于基本三维模型的创建，其功能区中提供了常用三维模型、布尔运算和三维编辑工具按钮，如图 1-2 所示。

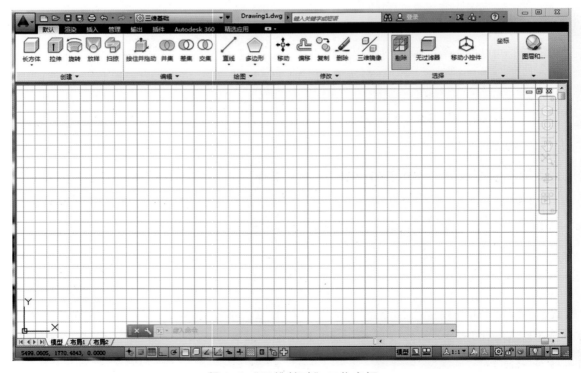

图 1-2 "三维基础"工作空间

1.1.3 "三维建模"工作空间

"三维建模"工作空间主要用于复杂三维模型的创建、编辑和渲染，如图 1-3 所示。其功能区提供了更全面的修改和编辑命令，包括"实体""曲面""网格"和"渲染"等选项卡。

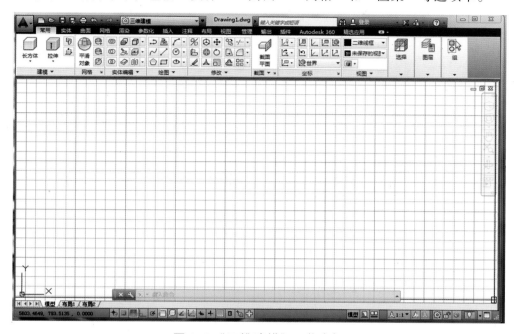

图 1-3 "三维建模"工作空间

1.1.4 "AutoCAD 经典"工作空间

"AutoCAD 经典"工作空间界面的主要特点是显示菜单栏和工具栏，用户可以通过工具栏或者菜单栏调用所需的命令，如图 1-4 所示。对于习惯于 AutoCAD 传统界面的用户来说，可以采用"AutoCAD 经典"工作空间，以沿用传统的绘图习惯和操作方式。

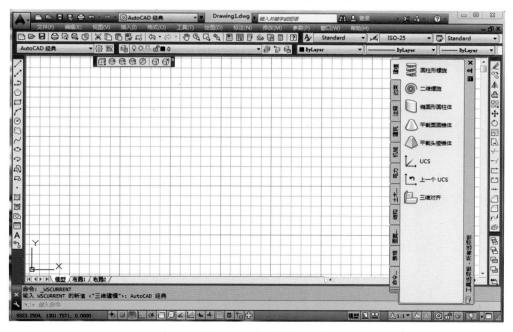

图 1-4 "AutoCAD 经典"工作空间

1.1.5 AutoCAD 工作空间的切换

用户可以根据工作需要进行工作空间的切换，切换工作空间的方法有以下几种。

（1）使用快速访问工具栏：单击"快速访问工具栏"中的按钮 草图与注释 ，在下拉列表中选择所需要的空间类型，如图 1-5 所示。

图 1-5 使用快速访问工具栏切换工作空间

（2）使用菜单栏：在菜单栏中的"工具"下拉菜单中选择"工作空间"命令，在子菜单中选择相应的工作空间，如图 1-6 所示。

图 1-6 使用菜单栏切换工作空间

（3）使用"工作空间"工具栏：在"工作空间"工具栏的下拉菜单下选择相应的工作空间，如图 1-7 所示。

图 1-7 使用工作空间工具栏切换工作空间

（4）使用状态栏：单击状态栏上"切换工作空间"按钮 ，在弹出的子菜单中选择相应的工作空间类型，如图 1-8 所示。

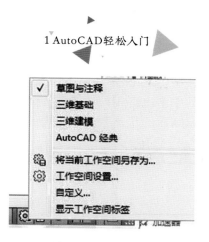

图 1-8 使用状态栏切换工作空间

1.2 操作界面

AutoCAD 的操作界面是 AutoCAD 显示和编辑图形的区域，不同的空间类型显示的操作界面有所不同，本书采用 AutoCAD 2014 默认空间（草图与注释）进行介绍。如图 1-9 所示，一个完整的 AutoCAD 操作界面包含快速访问工具栏、标题栏、菜单栏、功能栏、工具栏、绘图区、坐标系、十字光标、状态栏、命令行、布局标签、状态托盘及滚动条等。

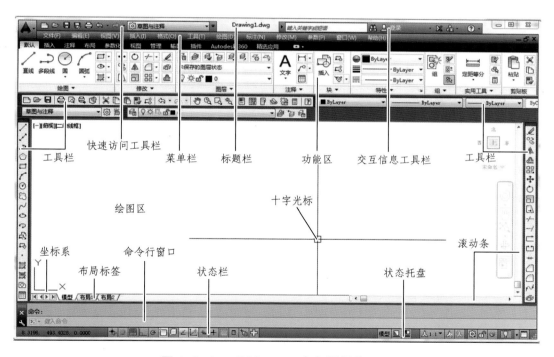

图 1-9 AutoCAD 2014 中文版操作界面

提示：如图 1-9 所示为 AutoCAD 2014 默认的草图与注释空间，对于菜单栏和一些工具，默认下不显示时，需要用户自行调用。

1.2.1 标题栏

标题栏位于 AutoCAD 窗口的最上端，如图 1-10 所示，显示软件的名称、版本号和用户正在使用的图形文件信息。对于计算机中打开的用户保存好的文件，显示其完整的路径信息；

而对于新建但未保存的文件，则只显示其名称。根据创建的时间顺序，默认名称为 Drawing1.dwg、Drawing2.dwg，以此类推。其中 Drawing1 为文件名称，.dwg 表示 AutoCAD 的文件格式。标题栏的最右端的 3 个按钮是 AutoCAD 的状态控制按钮，分别为最小化、还原 / 最大化和关闭。

图 1-10 AutoCAD 标题栏

1.2.2 应用程序按钮

应用程序按钮位于 AutoCAD 窗口的左上角，单击应用程序按钮 ，可展开显示面板，如图 1-11 所示，其中包含了文件的新建、打开、保存、另存为等常用命令，并显示最近常用的文件名称。

图 1-11 应用程序按钮展开面板

1.2.3 快速访问工具栏和交互信息工具栏

1. 快速访问工具栏

快速访问工具栏位于应用程序按钮的右侧，它包含了新建、打开、保存、另存为、打印、放弃、重做及工作空间 8 个常用的快捷按钮，如图 1-12 所示。用户可以通过单击本工具栏最后面的下拉按钮 自定义快速访问工具栏，添加或者删除需要的工具按钮。

图 1-12 快速访问工具栏

2. 交互信息工具栏

该工具栏位于标题栏之下、快速访问工具栏右侧，包含搜索、Autodesk 360、Autodesk Exchange 应用程序、保持链接和帮助 5 个常用数据交互访问工具，如图 1-13 所示。

图 1-13 交互信息工具栏

1.2.4 菜单栏

AutoCAD 的菜单栏位于标题栏下方，与其他 Windows 程序一样，菜单栏是下拉菜单形式，某些菜单命令还包含子菜单，如图 1-14 所示。选择菜单命令是执行各类操作的途径之一。

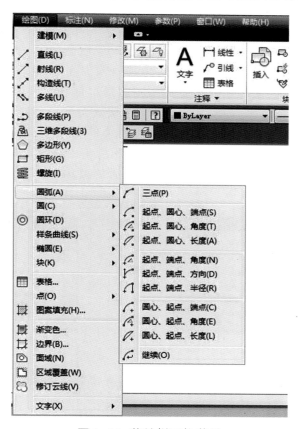

图 1-14 菜单栏下拉菜单

（1）文件：用来管理图形文件，如文件的新建、打开、保存、另存为、输出、发送、打印和发布等。

（2）编辑：用于图形文件的常规编辑，如放弃、重做、剪切、复制、粘贴、选择性粘贴、删除、全部选择和查找等。

（3）视图：用于视图窗口的管理，如缩放、平移、动态观察、漫游和飞行、视口、全屏显示、相机、三维视图、消隐和渲染等。

（4）插入：在当前 AutoCAD 绘图状态下，进行图形、图块和其他格式文件的插入，如 DWG 图块、PDF 底图、光栅图像和字段等。

（5）格式：用于设置与绘图环境有关的参数，如图层、颜色、线型、线宽、文字与表格样式、单位和图形界限等。

（6）工具：用于设置绘图的一些辅助工具，如选项板、工具栏、命令行等。

（7）绘图：提供绘制二维图形和三维模型的所有绘图命令，如直线、多段线、圆、圆弧、矩形、多边形、图形、颜色填充和文字等。

（8）标注：提供对图形进行尺寸标注的所有命令，如快速标注、线性标注、弧长标注、坐标、半径标注、直径标注、角度标注等。

（9）修改：提供修改图形时所需的全部命令，如删除、复制、镜像、偏移、阵列、打断、倒角等。

（10）参数：提供对图形约束的所有命令，如几何约束、自动约束、标注约束、动态约束等。

（11）窗口：多个文档同时存在时，用其设置各个文档的屏幕，如关闭、层叠、水平平铺、垂直平铺、排列图标等。

（12）帮助：提供 AutoCAD 所需的帮助信息。

一般来说，AutoCAD 的下拉菜单有以下 3 种类型。

① 右边带有小黑三角形 ▶ 的菜单项：表示该菜单项后面带有子菜单，将十字光标放在上面会显示其子菜单。

② 右边带有省略号 ⋯ 的菜单项：表示选择该菜单项后会弹出一个对话框。

③ 右边不带任何内容的菜单项：表示该菜单项既没有子菜单，也不会弹出对话框，选择该项后会执行相应的命令，并且在命令行中显示相应的提示信息。

AutoCAD 只有在"AutoCAD 经典"工作空间才默认显示菜单栏，在其他工作空间则默认不显示菜单栏。使用其他工作空间的用户可以自行调用菜单栏。

菜单栏的调出：单击快速访问工具栏最后的展开箭头，选择"显示菜单栏"命令，即可显示菜单栏。如图 1-15 为自定义快速访问工具栏展开后的菜单。

图 1-15 自定义快速访问工具栏菜单

1.2.5 功能区

功能区是一种智能的人机交互界面，显示与绘图相关的按钮和控件。"草图与注释""三维建模"工作空间中的主要命令都集中在功能区，使用起来比菜单栏更方便。功能区包含多个选项卡，每个选项卡又包含多个功能面板，不同的面板对应不同类别的命令按钮，如图1-16所示。

图1-16 功能区"默认"选项卡

提示：某些面板标题和命令旁边的黑色三角形是展开箭头，单击可展开该面板或显示该命令下的隐藏命令。

1.2.6 工具栏

对于用惯 AutoCAD 2009 以前版本的用户来说，工具栏是执行各种操作最方便的途径。它是一组图标类型的按钮集合，每个图标都形象地显示出该工具的作用，单击这些按钮就可以调用相应的命令操作。AutoCAD 2014 提供了 50 余种工具栏，每一个工具栏都有一个名称。AutoCAD 2014 在"草图与注释""三维建模"工作空间中默认不显示工具栏，使用时需要采取相应方法调出。对工具栏的操作说明如下。

（1）使用菜单栏调出工具栏：在菜单栏下拉菜单中选择"工具"/"工具栏"/"AutoCAD"菜单命令，在展开的子菜单中勾选要显示的工具栏，如图1-17所示。

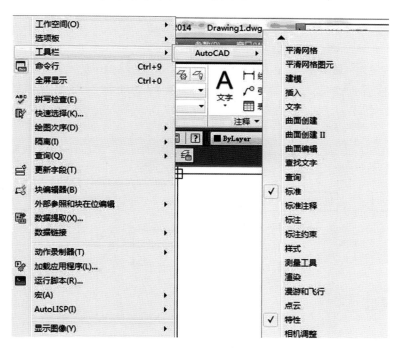

图1-17 通过菜单栏调出工具栏

（2）使用工具栏调出工具栏：在已经显示的工具栏的任一位置单击鼠标右键，在弹出的工具栏选项中勾选需要显示的工具栏。

（3）固定工具栏：绘图窗口的四周是工具栏的固定位置，在每个工具栏的最左边显示一个句柄。

（4）浮动工具栏：拖动固定工具栏的句柄到窗口内，工具栏即转变为浮动状态，拖动工具栏上、下和右侧边框可以调整工具栏的形状，如图1-18所示。

图 1-18 浮动工具栏

（5）关闭工具栏：在浮动工具栏右上角有个关闭按钮 ，单击鼠标左键可关闭该工具栏。

1.2.7 标签栏

标签栏位于功能区下方，由文件选项卡和"＋"按钮组成。每一个打开的文件都会在标签栏上显示一个文件标签，单击某个标签即切换到该图形文件下，单击图形文件标签右侧的"×"按钮可以关闭文件。

用鼠标右击文件选项卡右侧的"＋"按钮，可以快速新建、打开、全部保存、全部关闭图形文件，如图 1-19 所示。

图 1-19 标签栏

1.2.8 绘图区

绘图区是用户绘制、编辑图形及其显示的区域，如图 1-20 所示。绘图区是无限大的，用户可以通过缩放、平移等命令来观察绘图区的图形。有时为了增大绘图区域的大小，可以根据需要关闭其他选项卡，如工具栏、标签栏等。

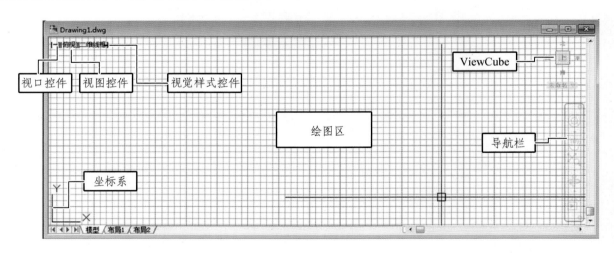

图 1-20 绘图区

绘图区左上角有 3 个显示标签，分别为视口控件、视图控件和视觉样式控件，用于显示模型的当前状态，单击各标签可以打开对应的快捷菜单，如图 1-21 所示。

绘图区左下角为坐标系图标，表示当前使用的坐标系和坐标方向，用户可以根据需要打开或者关闭该图标。

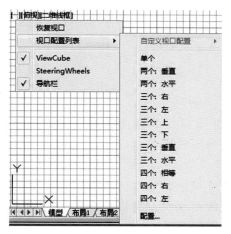
视口布局

视图方向

视觉样式

图1-21 绘图区功能标签菜单

　　绘图区右上角为ViewCube工具，该工具是二维模型空间与三维视觉样式中处理图形时显示的导航工具。用户可以根据需要在标准视图与正等轴测图间进行切换，也可以调整视图的方向，如图1-22所示。

　　绘图区右侧为导航栏，该栏呈透明显示，将光标移到导航栏上可以显示出导航按钮，包含全导航控制盘、平移、范围缩放、动态观察等命令，如图1-23所示。

图1-22 ViewCube

图1-23 导航栏

1.2.9 命令行与文本窗口

　　命令行位于绘图区窗口下方，用于命令的输入和显示命令运行的提示信息，如图1-24所示。命令行可以进行以下操作。

命令历史区：显示已经执行过的命令。

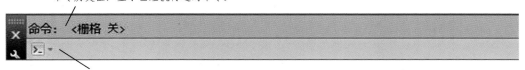

命令行：提示信息，提示用户输入
新的命令，或命令的下一步操作。

图1-24 命令行窗口

（1）窗口的放大和缩小：一般默认命令行显示为两行，可以通过移动拆分条扩大或缩小命令行窗口。

（2）命令行的移动：拖动命令行左侧句柄按钮███移动命令行到绘图区的其他位置。

（3）命令行的关闭：可以通过命令行左侧的按钮█进行命令行的关闭，或者使用快捷键"Ctrl + 9"。

（4）命令行的开启：选择"工具"/"命令行"或者"Ctrl + 9"。

在 AutoCAD 2014 中，当命令行输入命令时，系统会自动判断与输入字母相关的命令，如图 1-25 所示，用户可以在可供选择的命令列表中直接用鼠标或者用键盘区的方向键进行命令的选择，这种智能功能大大减轻了用户对快捷命令的记忆负担。

与命令行相同，文本窗口记录了 AutoCAD 文档打开后的所有命令操作，包括出错信息的反馈，相当于展开后的命令行，如图 1-26 所示。文本窗口一般默认不显示，可以根据需要通过输入命令调取出来，调用文本窗口的方法如下。

图 1-25 命令自动完成功能

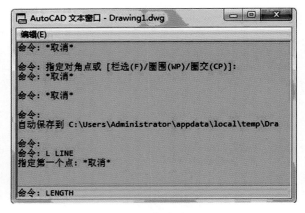

图 1-26 文本窗口

（1）使用菜单栏：选择"视图"/"显示"/"文本窗口"命令。

（2）使用快捷键：按键盘上的"F2"键或"Ctrl + F2"。

1.2.10 状态栏及状态托盘

状态栏和状态托盘位于 AutoCAD 窗口的最下方，如图 1-27 所示。左端为状态栏，包括坐标值和常用的 15 种绘图辅助工具；右端为状态托盘，包括快速查看工具、注释工具和工作空间工具 3 个区域。

图 1-27 状态栏及状态托盘

（1）坐标值：该坐标值显示绘图区中光标定位点的坐标 X、Y、Z 值，光标移动，坐标值随之发生变化。

（2）绘图辅助工具：主要用于控制绘图的性能，自左向右依次为推断约束（Ctrl + Shift + I）、捕捉模式（F9）、栅格显示（F7）、正交模式（F8）、极轴追踪（F10）、对象捕捉（F3）、三维对象捕捉（F4）、对象捕捉追踪（F11）、允许 / 禁止动态 UCS（F6）、动态输入（F12）、显示 / 隐藏线宽、显示 / 隐藏透明、快捷特性（Ctrl + Shift + P）、选择循环（Ctrl + W）和注视监视器工具按钮。单击这些按钮，可以实现这些功能的开与关。

（3）快速查看工具：用来预览打开的图形，或者使图形在模型与图纸空间进行切换。点击快速查看工具，图形将以缩略图的形式显示在窗口的底部，单击某一缩略图可切换到该图形或空间。

（4）注释工具：用于显示缩放注释的若干工具，模型和布局空间的注释工具不同。

（5）工作空间工具：用于工作空间的切换。

1.2.11 布局标签和滚动条

AutoCAD 系统默认设定一个"模型"空间和两个"布局"图样空间，布局标签如图 1-28 所示。

图 1-28 布局标签和滚动条

（1）布局：布局是系统为绘图设置的一种环境，包括图样的大小、尺寸单位、角度设定、数值精确度等。

（2）模型：模型空间是 AutoCAD 系统默认打开的空间，是通常的绘图环境。

滚动条位于绘图区的下方和右侧，用来浏览图形的水平和竖直方向。拖动滚动条中的滚动块，可以按水平或竖直两个方向浏览图形。

1.3 配置绘图系统

每台计算机所使用的显示器、输入和输出设备都不同，每个用户的喜好和对计算机的设置也不同。所以在使用前，需要根据设备情况和个人需求进行必要的系统配置，以提高绘图效率。

配置绘图系统的执行方式有以下几种。

（1）使用命令行：输入 PREFERENCES 或 PREF。

（2）使用菜单栏：选择"工具"/"选项"命令。

（3）使用快捷菜单：在绘图区单击鼠标右键，系统打开快捷菜单（见图 1-29），选择"选项"命令。

图 1-29 快捷菜单

1.3.1 显示配置

执行上述命令后，系统将打开"选项" 对话框。用户可以在此对话框中进行显示配置。

绘图区环境配置如下。

1. 绘图区颜色

用户可以根据自己的使用习惯进行绘图区颜色的配置，通常比较常用的是黑色界面，因为其图形显示清晰，且不刺眼。绘图区颜色的配置方式如下。

（1）在"选项"对话框中，选择第2个选项，即"显示"选项卡。在"窗口元素"选项组中单击"颜色"按钮，如图1-30所示。

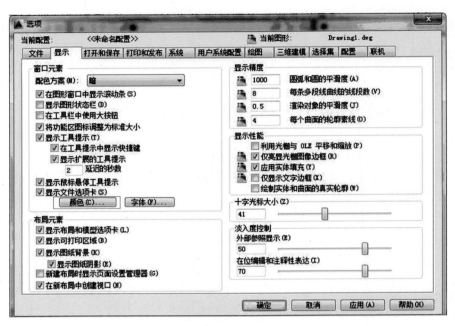

图1-30 "显示"选项卡

（2）系统弹出"图形窗口颜色"对话框，单击右上角的"颜色"下拉菜单，在弹出的下拉列表中即可选取绘图区背景颜色，如图1-31所示。最后单击"应用并关闭"按钮，即可完成背景颜色的修改。

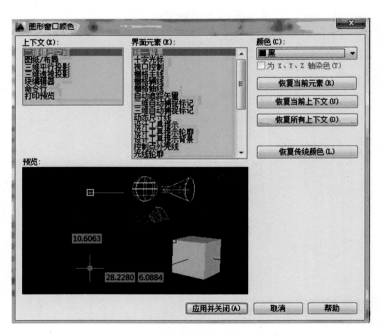

图1-31 "图形窗口颜色"对话框

2. 十字光标大小

十字光标不仅可以选取图形，还起到辅助线的作用，通过十字光标线可以远距离测量两个图形是否在同一条线上。所以为了方便选取图形，方便测量，通常将十字光标调到最大。

执行"选项"命令后，切换到"显示"选项卡，在"十字光标大小"选项组中拖动滑块或输入数值，即可设置十字光标的大小，如图1-32所示。

图 1-32 "显示"选项卡中十字光标选项组

1.3.2 系统配置

执行"选项"命令后，"选项"对话框中第5个选项卡为"系统"选项卡，该选项卡用来设置AutoCAD系统相关的特性，如图1-33所示。

图 1-33 "系统"选项卡

1.4 设置绘图环境

为了保证图形文件的规范性、准确性和绘图的高效性，在绘图前需要对绘图环境进行设置。

1.4.1 设置图形单位

室内设计图、施工图一般以毫米为单位，在绘制图形之前，应先进行图形单位的设置。

1. 命令的执行方式

（1）使用命令行：输入 DDUNITS 或 UNITS 或 UN。

（2）使用菜单栏：选择"格式"/"单位"命令。

执行上述命令后，将弹出"图形单位"对话框，如图 1-34 所示。通过该对话框可以设置图形长度、角度的类型和精度，以及使用外部参照或者插入图块时的缩放单位。

图 1-34 "图形单位"对话框

2. 选项的功能说明

（1）"长度"选项组：用于设置长度的单位类型和精度，通常选择小数。精度根据作图需要进行设置，常设置成 0。

（2）"角度"选项组：用于设置角度的当前类型和精度，通常使用默认值。"顺时针"用于设置旋转方向，默认按逆时针旋转角度为正方向，若勾选"顺时针"选项，表示按顺时针旋转的角度为正方向。

（3）"插入时缩放单位"选项组：既是当前绘图环境的单位，也是插入图块和图形时的单位。如果块和图形创建时使用的单位和图形与该绘图环境单位不同，则在插入时对其按比例进行缩放。

（4）"方向"按钮：用于设置角度的方向。单击该按钮，系统将弹出"方向控制"对话框，如图 1-35 所示，可以设置角度起点的方向。

图1-35 "方向控制"对话框

1.4.2 设置图形界限

图形界限是指 AutoCAD 的绘图区域，也称图限。在绘图时，为了避免用户绘制图形时超出工作区域，需要进行图形界限的设置。室内设计中多使用 A3 图纸出图，在使用 1 ： 100 绘图比例的情况下，通常将图形界限设置为 42 000 mm × 29 700 mm。

1. 命令的执行方式

（1）使用命令行：输入 LIMITS 或者 LIM。
（2）使用菜单栏：选择"格式"/"图形界限"命令。

2. 操作步骤

执行上述命令后，命令行提示如下：

命令：LIMITS ↙

重新设置模型空间界限：

指定左下角点或 [开（ON）/ 关（OFF）]<0.0000，0.0000>：输入图形界限左下角点坐标，按 <Enter> 键确认。

指定右上角点 <420.0000，297.0000>：输入图形界限右上角的坐标，按 <Enter> 键确认。

注意：输入命令后，必须按键盘上的 Enter（回车）表示确认，本书中命令操作中 Enter（回车）统一用"↙"表示。

1.5 视图操作

在使用 AutoCAD 绘图过程中，为了方便观察和绘制图形，通常需要对视图进行缩放、平移和重新生成等操作。

1.5.1 缩放视图

缩放视图即调整当前视图的大小。通过缩小视图，可以全面地观察视图；通过放大视图，可以观察图形的细节。需要注意的是，缩放视图并不改变图形的实际大小，只是视图窗口的放大和缩小。

1. 命令的执行方式

（1）使用命令行：输入 ZOOM 或者 Z。
（2）使用菜单栏：选择"视图"/"缩放"子菜单下的相应命令，如图1-36所示。

（3）使用面板：选择功能区中导航面板或者导航栏中范围缩放按钮，如图1-37所示。

图 1-36 视图缩放命令

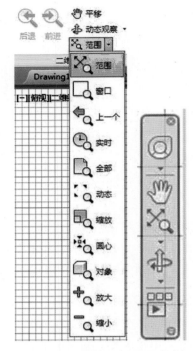

图 1-37 导航面板和导航栏

（4）使用工具栏：选择标准工具栏中的相应缩放按钮，如图1-38所示。

图 1-38 标准工具栏中视图缩放工具

（5）鼠标滚轮：滚动鼠标滚轮可以快速进行实时缩放视图，滚轮向上为视图的放大，向下为视图的缩小。

2. 操作步骤

执行"缩放"命令后，命令行提示如下。

命令：ZOOM✓

指定窗口的角点，输入比例因子（nX 或 nXP），或者

[全部（A）/中心（C）/动态（D）/范围（E）/上一个（P）/比例（S）/窗口（W）/
对象（O）]< 实时 >：选择相应的视图方式。

3. 视图缩放方式

AutoCAD 提供了实时缩放、窗口缩放、范围缩放、对象缩放、比例缩放等多种方式，下面介绍几种常用的缩放方式。

（1）实时缩放：选择"实时缩放"命令，或者单击"实时缩放"按钮 后，鼠标指针即变成形状。按住鼠标左键向上拖动鼠标，即可放大视图窗口；向下拖动鼠标，即可缩小视图窗口。结束缩放按"Esc"或者"Enter"键，或者单击鼠标右键选择"退出命令"，如图1-39所示。

图 1-39 通过"退出"命令结束缩放

（2）窗口缩放：通过窗口缩放可以将指定矩形窗口内图形放大到充满当前视窗。选择"窗口缩放"命令后，单击鼠标左键选择矩形窗口的对角点，通过这两个对角点可以确定缩放范围，该范围内的图形即充满视窗，如图 1-40 所示。

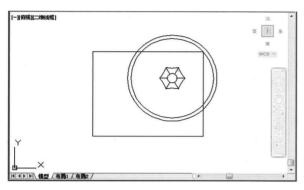
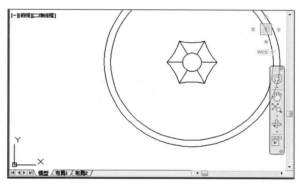

指定缩放范围　　　　　　　　　　　　窗口缩放效果

图 1-40 窗口缩放

（3）范围缩放：选择"范围缩放"按钮 ，可将窗口中的所有图形显示最大范围，如图 1-41 所示。

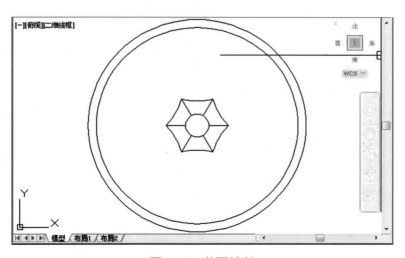

图 1-41 范围缩放

（4）全部缩放：通过全部缩放可以显示全部可见图形对象和视觉辅助工具。可以选择"全部缩放"按钮 进行缩放，也可在命令行中操作，步骤如下。

命令：ZOOM✓

指定窗口的角点，输入比例因子（nX 或 nXP），或者

[全部（A）/中心（C）/动态（D）/范围（E）/上一个（P）/比例（S）/窗口（W）/对象（O）]<实时>：A✓

（5）动态缩放：用矩形视窗平移和缩放视窗中的图形。选择"动态缩放"按钮后，绘图区会出现几个不同颜色的矩形框，移动当前选框到所需位置，单击鼠标左键调整缩放窗口的大小，按"Enter"键确定缩放，即可将该区域内图形最大化显示，如图1-42所示。

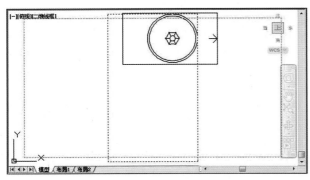
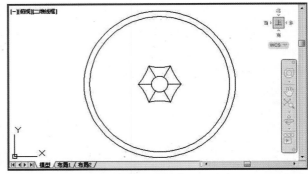

调整矩形选框大小和位置　　　　　　　　　　动态缩放效果

图1-42 动态缩放

（6）比例缩放：选择"比例缩放"按钮 后，在命令行中输入缩放倍数（即比例因子），以更改视图的显示比例。缩放比例有以下3种情况。

① 直接输入数值，表示相对于图形界限进行缩放。

② 数值后加 X，表示相对于当前视图进行缩放。

③ 数值后加 XP，表示相对于图纸空间单位进行缩放。

图1-43 为将视图放大两倍的示例，命令行操作步骤如下。

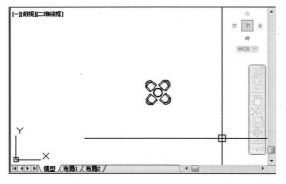
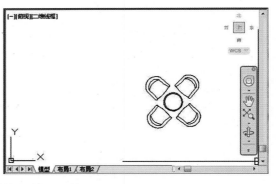

图1-43 两倍比例缩放前后的效果

命令：ZOOM✓

指定窗口的角点，输入比例因子（nX 或 nXP），或者

[全部（A）/中心（C）/动态（D）/范围（E）/上一个（P）/比例（S）/窗口（W）/对象（O）]<实时>：S✓

输入比例因子（nX 或 nXP）：2✓

（7）对象缩放：在视图中心尽可能大地显示一个或者多个选定对象，如图1-44所示。

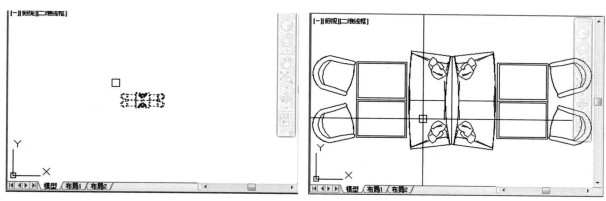

图1-44 对象缩放

1.5.2 平移视图

平移视图是指不改变图形的显示大小，只改变其在视图中的位置，以便观察图形的其他组成部分。平移视图多用于图形显示不完全，且部分区域不可见时，通过平移功能将不可见区域移到窗口下。

1. 实时平移

实时平移是通过鼠标进行平移的方式，通常有下列几种执行命令的方式。

（1）使用命令行：输入 PAN 或者 P。

（2）使用菜单栏：选择"视图"/"平移"/"实时"平移命令，如图1-45所示。

（3）使用面板：选择功能区中导航面板或者导航栏中范围缩放按钮，如图1-46所示。

图1-45 视图平移命令

图1-46 导航面板和导航栏

（4）使用工具栏：选择"标准"工具栏中的"实时平移"按钮 。

（5）使用鼠标：按住鼠标滚轮拖动，可以快速进行视图的平移。

执行上述任一操作后，鼠标指针变成小手形状，按住鼠标左键拖动，视图可进行上、下、左、右4个方向的移动。

2. 点平移

（1）使用命令行：输入 – PAN 或者 – P。

（2）使用菜单栏：选择"视图"/"平移"/"点"平移命令。

执行上述任一操作后，命令行提示如下。

命令：– PAN ↙

指定基点或位移：指定平移的基点。

指定第二点：指定平移目标点。

具体操作过程如图 1-47 所示。

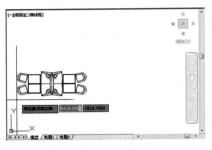
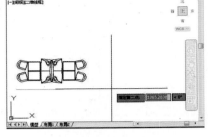
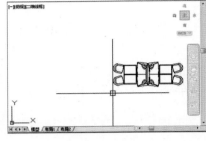

| 指定基点 | 指定目标点 | 点平移结果 |

图 1-47 点平移

3. 其他平移

执行"视图"/"平移"/"上、下、左、右"平移命令，可以将视图窗口中图形按照指定的方向平移一段距离。但这种平移方式用得比较少。

1.5.3 重画与重生成

在 AutoCAD 实际操作中，经常出现某些操作完成后，其效果不能立即显示，或者显示效果与实际不一致，或者在屏幕上留下作图痕迹与标记的情况，因此，需要通过刷新视图重新生成当前图形，以观察图形的最新编辑效果。

AutoCAD 主要通过"重生成"和"重画"两个命令进行视图的刷新，这两个命令不需要输入任何参数就能自动完成。

1. 重生成

"重生成"命令执行方式如下。

（1）使用命令行：输入 REGEN 或 RE。

（2）使用菜单栏：选择"视图"/"重生成"或"全部重生成"命令。

"重生成"命令只对当前视图窗口范围内的图形执行重生成。如果对整个图形进行重生成，需要选择"全部重生成"命令。

如图 1-48 所示，一个粗糙的图形，重生成后即可观察到比较圆滑的图形。

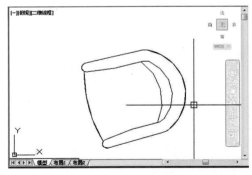
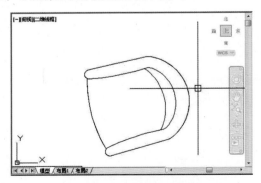

| 重生成前的视图效果 | 重生成后的视图效果 |

图 1-48 重生成视图

2. 重　画

"重画"命令执行方式如下。

（1）使用命令行：输入 REDRAWALL 或 REDRAW 或 RA。

（2）使用菜单栏：选择"视图"／"重画"命令。

"重画"命令是一种速度较快的刷新命令。其只刷新屏幕显示，因而生成图形速度较快，尤其针对复杂图形。

在命令行中输入 REDRAW 命令，只删除当前视图窗口中删除命令留下的点标记；输入 REDRAWALL 命令，将删除所有视图窗口中删除命令留下的点标记。

1.6　图形文件管理

图形文件管理是 AutoCAD 最基础的操作，本节主要介绍 AutoCAD 有关文件管理的一些基本操作方法，包含新建文件、打开文件、保存文件、另存文件、输出和打印文件等。

1.6.1　新建文件

1. 新建文件

（1）使用命令行：输入 NEW 或者 N。

（2）使用快捷键：按下键盘上的"Ctrl + N"组合键。

（3）使用菜单栏：选择"文件"／"新建"命令。

（4）使用应用程序按钮：选择应用程序按钮 下的"新建"命令。

（5）使用快速访问工具栏：单击"快速访问"工具栏中的"新建"按钮 。

（6）使用标准工具栏：单击"标准"工具栏中的"新建"按钮 。

执行上述任意一项操作后，系统会弹出如图 1-49 所示的对话框，在对话框中选择合适的图形样板，单击"打开"按钮，即可创建新的图形文件。

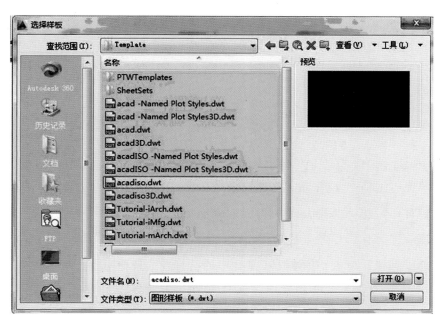

图 1-49　"选择样板"对话框

2. 快速新建

该功能是创建新图形最快捷的方式。

命令行：QNEW ✓

执行上述命令后，系统会立即从所选图形样板中创建新图形，而不显示任何对话框或提示。在运行快速创建图形前，必须进行如下设置。

单击鼠标右键，选择"选项"命令，或选择"工具"/"选项"命令，在"选项"对话框中选择"文件"选项卡，单击"样板设置"前面的"＋"，在展开的列表中选择"快速新建默认样板文件名"选项，单击"浏览"按钮，如图1-50所示，打开"选择文件"对话框，选择需要的样板文件即可。

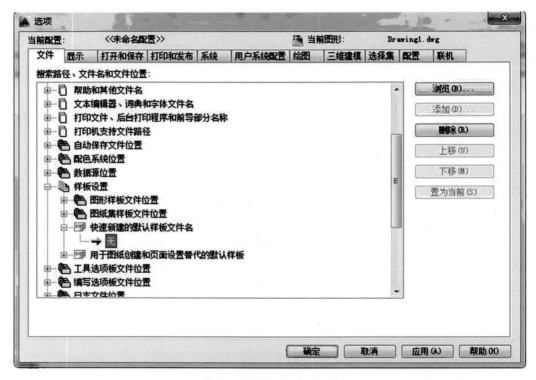

图1-50 "文件"选项卡

1.6.2 打开文件

打开文件命令主要用来打开已经存在的AutoCAD图形文件，通常有以下几种方式。

（1）使用命令行：输入OPEN。

（2）使用快捷键：按"Ctrl + O"组合键。

（3）使用菜单栏：选择"文件"/"打开"命令。

（4）使用应用程序按钮：选择应用程序按钮 下的"打开"命令。

（5）使用快速访问工具栏：单击"快速访问"工具栏中的"打开"按钮 。

（6）使用标准工具栏：单击"标准"工具栏中的"打开"按钮 。

执行上述任一项命令后，系统会弹出"选择文件"对话框，如图1-51所示，在其中选择需要打开的图形文件，单击"打开"按钮，即可打开选定文件。

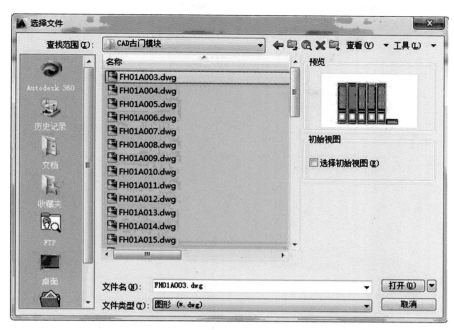

图 1-51 "选择文件"对话框

提示：系统打开"选择文件"对话框，在"文件类型"下拉列表中，有 4 种格式的图形样板，分别是 .dwg、.dwt、.dws、.dxf 文件。其中，.dws 文件包括标准图层、标注样式、线型和文字样式；.dxf 文件是用文本形式存储的图形文件，能够被其他程序读取，并被许多第三方软件支持。

技巧：工作中，可以在计算机中找到要打开文件的位置，双击文件图标，即可直接打开 AutoCAD 文件。

1.6.3 保存文件

保存文件是指将新建的文件或者编辑过的文件保存在计算机中，以便再次使用。在绘图过程中要随时进行文件的保存，以防意外发生而导致文件丢失。

（1）使用命令行：输入 SAVE 或者 QSAVE。

（2）使用快捷键：按下键盘上的"Ctrl + S"组合键。

（3）使用菜单栏：选择"文件"/"保存"命令。

（4）使用应用程序按钮：选择应用程序按钮 下的"保存"命令。

（5）使用快速访问工具栏：单击"快速访问"工具栏中的"保存"按钮 。

（6）使用标准工具栏：单击"标准"工具栏中的"保存"按钮 。

执行上述任一项命令后，系统会弹出"图形另存为"对话框，如图 1-52 所示，在其中设置文件的名称和存储路径后，单击"保存"按钮，即可完成文件的保存。

1.6.4 另存文件

另存文件是指将当前文件另存为其他文件。另存的文件可以与源文件类型相同，但只能在不同文件夹下才能同名，另存之后源文件自动保存并关闭。

（1）使用命令行：输入 SAVEAS。

（2）使用快捷键：按下键盘上的"Ctrl + Shift + S"组合键。

图 1-52 "图形另存为"对话框

（3）使用菜单栏：选择"文件"/"另存为"命令。

（4）使用应用程序按钮：选择应用程序按钮 下的"另存为"命令。

（5）使用快速访问工具栏：单击"快速访问"工具栏中的"另存为"按钮 。

执行上述任一项操作后，系统会弹出"图形另存为"对话框，如图 1-52 所示，步骤与保存相同。

1.6.5 加密文件

对于一些重要的工程图纸，需要进行保密操作，以防图形被恶意篡改或盗用。

加密文件操作步骤如下。

（1）选择"工具"/"选项"命令，打开"选项"对话框，选择"打开和保存"选项卡，如图 1-53 所示。

图 1-53 "打开和保存"选项卡

（2）单击"安全选项"按钮，系统将打开"安全选项"对话框，在"密码"选项卡的文本框中输入加密密码，如图1-54所示。

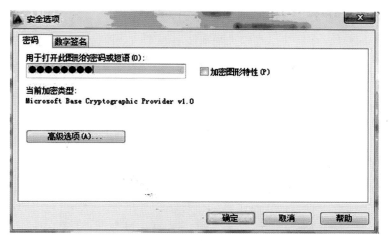

图1-54 "安全选项"对话框

（3）单击"高级选项"按钮，系统将弹出"高级选项"对话框，在"选择一个加密提供者"选项下设置密码属性，以此增强保密性，如图1-55所示。

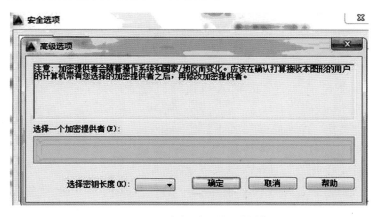

图1-55 "高级选项"对话框

（4）返回到"安全选项"对话框，单击"确定"按钮，系统将弹出"确认密码"对话框。在此对话框中，再次输入加密密码，单击"确定"按钮，即完成图形加密操作，如图1-56所示。

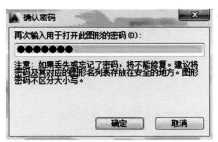

图1-56 "确认密码"对话框

1.6.6 关闭文件

关闭图形文件的方法有以下几种。

（1）使用命令行：输入 QUIT 或 EXIT。

（2）使用菜单栏：选择"文件"/"关闭"命令。

（3）使用应用程序按钮：选择应用程序按钮 ▲ 下的"关闭" 🗋 命令。

（4）使用标题栏：单击 AutoCAD 操作界面右上角的"关闭"按钮 ✕ 。

执行关闭操作后，若用户未对图形文件进行保存，系统会弹出如图 1-57 所示的对话框，单击"是"按钮，系统将保存文件后关闭；单击"否"按钮，系统将不保存文件。若用户已对图形文件所做的修改进行保存，可直接关闭图形文件。

图 1-57 "信息提示"对话框

1.7 基本操作

AutoCAD 的基本操作包括：命令的输入与执行，命令的重复、撤销与重做，坐标系等。

1.7.1 命令的输入与执行

要想熟练地使用 AutoCAD，让其为我们工作，就必须知道如何向软件下达相关指令，然后软件读取指令后执行相关操作。

AutoCAD 2014 中命令的调用方式有很多，下面以直线为例，介绍在 AutoCAD 2014 中命令执行的方法。

（1）使用命令行：在命令行输入命令名称。命令字符不分大小写，如命令"LINE"。操作步骤如下。

命令行：LINE/L ✐

指定第一点：在绘图区指定一点或输入坐标值。

指定下一点或 [放弃（U）]：命令行提示中不带括号表示的是默认选项，因此可直接输入直线段长度或指定一点。如要选择括号中选项，需先输入该选项的标识字符，如"放弃"选项的标识字符"U"，然后按系统提示输入数据即可。

提示：为了减少键盘输入的工作量，提高工作效率，命令输入通常用缩写的方式输入。如"直线"命令 LINE 的缩写是 L，"矩形"命令 RECTANGLE 的缩写是 REC 等。

（2）使用工具栏：在"绘图"工具栏上，单击"直线"按钮 ✐ ，如图 1-58 所示。

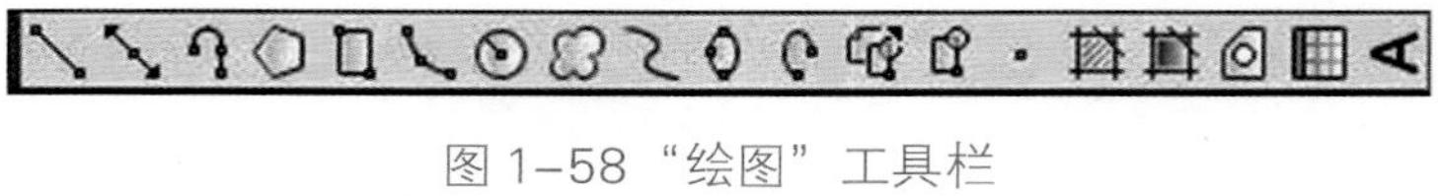

图 1-58 "绘图"工具栏

提示：工具栏默认显示在"AutoCAD 经典"工作空间，用户使用其他工作空间时可以根据需要调用工具栏。为了获得更多的绘图空间，可以按"Ctrl + 0"组合键隐藏工具栏，再按一次即可重新显示。

（3）使用功能区：在功能区"默认"选项卡中，单击"绘图"面板中的"直线"命令按钮，如图1-59所示。

（4）使用菜单栏：选择"绘图"/"直线"命令，如图1-60所示。

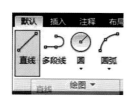

图1-59 功能区单击"直线"按钮

图1-60 菜单栏选择"直线"命令

1.7.2 命令的重复、撤销与重做

1. 命令的重复

在绘图过程中经常需要执行相同的命令，如果每次都重复输入命令，会大大降低绘图效率。此时，使用快速重复命令，可大大提高绘图的工作效率。

（1）使用命令行：输入MULTIPLE或MUL。

（2）使用快捷键：单击"Enter"键或空格键。

（3）使用命令行快捷菜单：在命令行单击鼠标右键，系统将弹出快捷菜单，在"最近使用的命令"子菜单中选择需要的命令，如图1-61所示。

（4）使用右键菜单：在绘图区，单击鼠标右键，打开右键菜单，选择重复执行命令，如图1-62所示。重复直线（R），表示上次命令为直线命令，直接单击即开启直线命令。

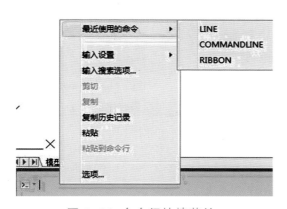

图1-61 命令行快捷菜单

图1-62 右键菜单

2. 命令的撤销

在命令执行的过程中，随时可以取消和终止命令的执行。

撤销命令的方法如下。

（1）使用命令行：输入 UNDO/U，如图 1-63 所示。

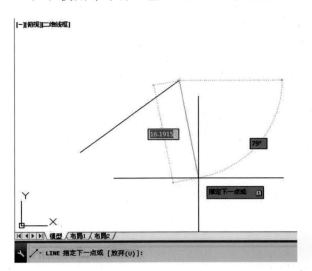
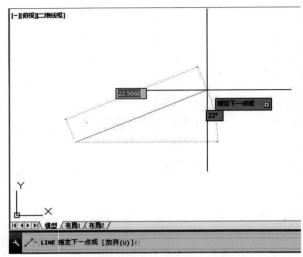

图 1-63 "直线" 命令撤销前后的效果

（2）使用快捷键：单击键盘左上角的 "Esc" 键或 "Ctrl + Z" 组合键。

（3）使用菜单栏：选择 "编辑" / "放弃" 命令，如图 1-64 所示。

（4）使用工具栏：单击 "标准" 工具栏上的 "放弃" 按钮。

（5）使用右键菜单：在绘图区单击鼠标右键，调出右键菜单，选择 "取消" 命令，如图 1-65 所示。

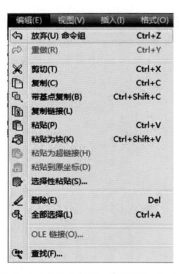

图 1-64 菜单栏的 "放弃" 命令　　　　　　图 1-65 右键菜单

技巧：为了操作方便，用户可以单击 Enter 或空格键进行命令执行的确定、结束和重复工作。

3. 命令的重做

已撤销的命令需要恢复重做，可以恢复撤销的最后一个命令。

（1）使用命令行：输入 REDO。

（2）使用快捷键：单击键盘上的 "Ctrl + Y" 组合键。

（3）使用工具栏：单击 "标准" 工具栏上的 "重做" 按钮。

（4）使用菜单栏：选择 "编辑" / "重做" 命令。

（5）使用右键菜单：选择右键菜单中的"重做"命令。

执行上述任一项操作后，均可对已撤销的操作进行恢复，AutoCAD一次可进行多次放弃和重做操作。

1.7.3 坐标系与数据输入法

要想正确、高效地使用AutoCAD进行绘图，必须先要了解其坐标系，并掌握坐标系数据的输入方法。

1. 认识坐标系

AutoCAD采用两种坐标系：世界坐标系（WCS）和用户坐标系（UCS）。

（1）世界坐标系（WCS）。

用户刚进入AutoCAD时的坐标系就是世界坐标系（World Coordinate System，WCS），其是固定的坐标系统，是坐标系中的基准。它由X、Y、Z 3个相互垂直的坐标轴组成，在绘图过程中，坐标原点和坐标轴方向不变。

默认情况下，X轴的正方向为水平向右，Y轴的正方向为垂直向上，Z轴的正方向垂直屏幕指向用户。坐标原点位于绘图区左下角，且其上有个方框标记，如图1-66所示。

（2）用户坐标系（UCS）。

在绘图时，为了便于操作，通常需要修改坐标系原点和坐标方向，这时需要建立用户坐标系（User Coordinate System，UCS）。默认情况下，UCS与WCS重合，如图1-67所示。

图1-66 世界坐标系（WCS） 　　　图1-67 用户坐标系（UCS）

新建用户坐标系的方法如下。

① 使用命令行：输入USC。

② 使用菜单栏：单击"工具"/"新建UCS"，在子菜单中选择所需命令，如图1-68所示。

③ 使用工具栏：单击"UCS"工具栏中的相应按钮，如图1-69所示。

图1-68 菜单栏中的"新建UCS"命令 　　　图1-69 "UCS"工具栏

执行上述操作后，可新建用户坐标系，可任意指定原点或移动原点和旋转坐标轴。

2. 数据输入法

AutoCAD 中，点的坐标通常用直角坐标和极坐标来表示。每种坐标又分别具有两种坐标输入方式，即绝对坐标和相对坐标。

（1）直角坐标。

直角坐标是用点的 X、Y、Z 坐标值表示的坐标。

① 绝对直角坐标：相对于坐标原点的直角坐标。在命令行输入点的坐标值，应在 X、Y、Z 值间用逗号隔开，表示为（X，Y，Z）。当绘制二维图形时，其 Z 值为零，命令行中可不必输入，仅输入 X、Y 值即可。

② 相对直角坐标：某点的坐标是相对于其前一点的坐标值。输入格式为（@X，Y，Z），@ 表示使用相对坐标输入。

【实例 1-1】 在空间中画一二维平面线段 AB，使 A 点坐标值为（10，20），B 点位于 A 点之上 10 个单位，右侧 20 个单位。

绘图结果如图 1-70 所示，操作步骤如下。

命令：LINE ↙

指定第一个点：10，20 ↙

指定下一点或 [放弃（U）]：@10，20 ↙

指定下一点或 [放弃（U）]：↙

（2）极坐标。

极坐标是指用长度和角度表示的坐标，只用来表示二维点的坐标。

① 绝对极坐标：相对于坐标原点的极坐标。在绝对极坐标输入方式下，表示为"长度＜角度"。例如，坐标"50＜60"，其中长度表示距坐标原点的距离为 50，角度表示该点到原点的连线与 X 轴正方向的夹角为 60°，如图 1-71 所示。

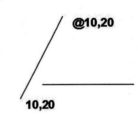

图 1-70 直角坐标输入实例

② 相对极坐标：相对于某一点的极坐标。在绝对极坐标输入方式下，表示为"@长度＜角度"。例如，坐标"@50＜60"，其中长度为该点到其前一点的距离为 50，角度表示该点到前一点的连线与 X 轴正方向的夹角为 60°，如图 1-72 所示。

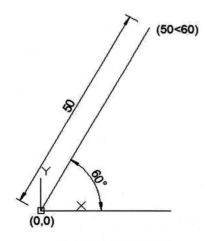

图 1-71 绝对极坐标

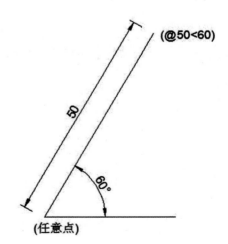

图 1-72 相对极坐标

2 二维图形绘制基础

导读

无论多么复杂的室内图形，都是由点、直线、圆、弧、矩形和多边形等基本图形组成的。本章主要介绍 AutoCAD 中的基本绘图命令的用法，只有熟练掌握这些基本绘图命令的使用方法，才能绘制出复杂的室内图形。

学习要点

（1）掌握点和直线类命令的执行方式和操作方法。
（2）掌握平面图形类命令的执行方式、操作方法及应用。
（3）掌握圆类命令的执行方式、操作方法及应用。
（4）掌握多段线、多线、样条曲线命令的调用方式及操作。
（5）熟悉并掌握图案填充及图形特性管理。
（6）了解图层并掌握图层管理的方法。
（7）熟练掌握绘图辅助工具的用法。

2.1 绘制点和直线类命令

"点"和"直线"命令是 AutoCAD 中最基础、最简单的绘图命令。直线类命令包括直线和构造线命令。

2.1.1 点

1. 设置点的样式

点没有大小和长度，是一种理论上的几何对象。点在图形中的表示样式有 20 种，AutoCAD 默认点为一个黑色圆点标记，在屏幕上很难找到。在工作中，为了突出显示点的位置，可以根据需要进行点样式的设置。

设置点样式的方法有以下几种。
（1）使用命令行：输入 DDPTYPE。
（2）使用菜单栏：选择"格式"/"点样式"命令。
（3）使用功能区：在"默认"选项卡中，单击"实用工具"面板中的"点样式"按钮。

　　执行上述任意操作，打开"点样式"对话框，如图2-1所示。在对话框中选定点样式，单击"确定"按钮关闭对话框，即可完成点样式的设置，设置后点的样式如图2-2所示。

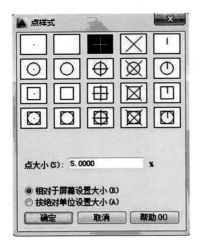

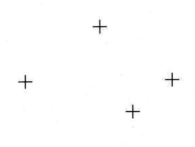

图2-1 "点样式"对话框　　　　　　　　　　图2-2 点样式设置后的效果

2. 绘制点

　　绘制点包括"单点"和"多点"两个命令，"单点"表示一次只输入一个点，"多点"可以输入多个点，按ESC键退出命令即可完成操作。

　　点的命令执行方式如下。

　　（1）使用命令行：输入POINT/PO。

　　（2）使用菜单栏：选择"绘图"/"点"或"多点"命令，如图2-3所示。

图2-3 "点"的子菜单

　　（3）使用工具栏：单击"绘图"工具栏中的"多点"按钮。

（4）使用功能区：在"默认"选项卡中，单击"多点"按钮 。

操作步骤如下。

命令：POINT ✓

当前点模式：PDMODE = 2 PDSIZE = 0.0000

指定点：（指定点的位置）

3. 绘制等分点

AutoCAD 提供了两种等分点命令，即定数等分和定距等分，可以将直线或圆弧进行等分。

（1）定数等分。

定数等分是将对象按照一定数量进行等分，并在等分位置创建点。命令执行方式如下。

① 使用命令行：输入 DIVIDE/DIV。

② 使用菜单栏：选择"绘图"/"点"/"定数等分"命令。

③ 使用功能区：在"默认"选项卡中，单击"绘图"面板中的"定数等分"按钮 。

【实例 2-1】 用定数等分法绘制地面铺砖，操作过程如图 2-4 所示。

① 绘制地面轮廓。在命令行输入 L，命令行提示如下。

命令：LINE ✓

指定第一个点：在工作区任意指定一点

指定下一点或 [放弃（U）]：@400，0 ✓

指定下一点或 [放弃（U）]：@0，400 ✓

指定下一点或 [闭合（C）/ 放弃（U）]：@-400，0 ✓

指定下一点或 [闭合（C）/ 放弃（U）]：C ✓

② 定数等分。执行 DIV 命令，对地面轮廓下边和右边线进行等分，命令操作如下。

命令：DIV ✓

选择要定数等分的对象：

输入线段数目或 [块（B）]：4

命令：DIV ✓

选择要定数等分的对象：

输入线段数目或 [块（B）]：4

③ 调用 LINE 命令，绘制等分直线。

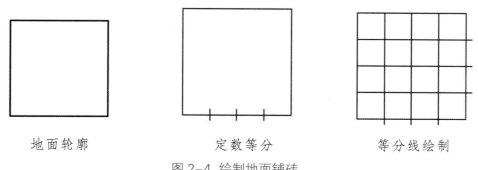

地面轮廓　　　　　　　定数等分　　　　　　　等分线绘制

图 2-4 绘制地面铺砖

（2）定距等分。

定距等分将等分对象按距离等分，并在等分位置创建等分点。命令执行方式如下。

① 使用命令行：输入 MEASURE/ME。

② 使用菜单栏：选择"绘图"/"点"/"定距等分"命令。

③ 使用功能区：在"默认"选项卡中，单击"绘图"面板中的"定距等分"命令按钮 。

【实例2-2】 用定距等分法将桌面中间矩形区域进行等分，操作过程如图2-5所示。

① 绘制桌面。调用直线命令L，命令行操作过程如下。

命令：LINE ✓

指定第一个点：指定一点

指定下一点或[放弃（U）]：1000 ✓

指定下一点或[放弃（U）]：500 ✓

指定下一点或[闭合（C）/放弃（U）]：100 ✓

指定下一点或[闭合（C）/放弃（U）]：U ✓

指定下一点或[闭合（C）/放弃（U）]：1000 ✓

指定下一点或[闭合（C）/放弃（U）]：C ✓

② 定距等分。调用ME（定距等分）命令，命令行提示如下。

命令：ME ✓

选择要定距等分的对象：选择要等分对象

指定线段长度或[块（B）]：200 ✓

③ 调用LINE命令，绘制等分直线。

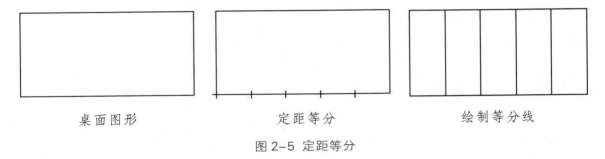

桌面图形　　　　　　　　　定距等分　　　　　　　　　绘制等分线

图2-5 定距等分

2.1.2 直　线

1. 命令执行方式

（1）使用命令行：输入LINE或L。

（2）使用菜单栏：选择"绘图"/"直线"命令，如图2-6所示。

（3）使用工具栏：选择"绘图"工具栏中的"直线"命令按钮 。

（4）使用功能区：在"默认"选项卡中，单击"绘图"面板中的"直线"按钮 。

图2-6 菜单栏中的"直线"命令

2. 操作步骤

命令：LINE ✓

指定第一个点：输入直线起始点，用鼠标指定点或者输入点的坐标。

指定下一点或 [放弃（ U ）]：输入直线段的端点，用鼠标指定点或者输入点的坐标，也可以用极坐标的方法输入，即输入一定角度后，直接输入直线度的长度。

指定下一点或 [放弃（ U ）]：输入下一直线段的端点，输入 U 表示放弃前一次点的输入；单击空格或者 Enter 键，结束命令。

指定下一点或 [闭合（ C ）/ 放弃（ U ）]：输入下一直线段的端点，或输入 C 使图形闭合，结束命令。

【实例 2-3】 绘制标高符号，如图 2-7 所示。

调用 L（直线）命令，命令行提示操作如下。

命令：LINE ∠

指定第一个点：用鼠标在屏幕指定一点（1 点）

指定下一点或 [放弃（ U ）]：180 ∠（直接输入长度，需要借助正交来绘制水平直线，正交的开关由 F8 控制，2 点）

指定下一点或 [放弃（ U ）]：@40<-45 ∠（3 点，也可打开状态栏上动态输入"DYN"按钮，当鼠标为 45° 时，输入 40，如图 2-8 所示）

指定下一点或 [闭合（ C ）/ 放弃（ U ）]：@40<45 ∠（4 点）

指定下一点或 [闭合（ C ）/ 放弃（ U ）]：∠

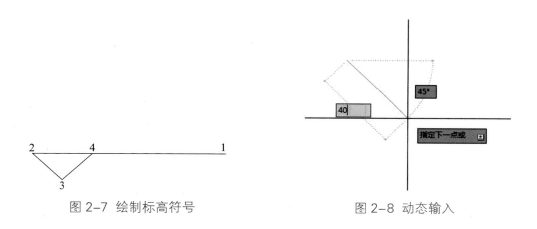

图 2-7 绘制标高符号　　　　　　　　图 2-8 动态输入

2.1.3 构造线

构造线是两端可以无限延伸的直线，没有起点和终点，任意指定两个点即可确定构造线的位置和方向，主要用来绘制辅助线或者修剪的边界。

1."构造线"命令执行方式

（1）使用命令行：输入 XLINE 或 XL。

（2）使用菜单栏：选择"绘图"/"构造线"命令。

（3）使用工具栏：单击"绘图"工具栏中的"构造线"按钮。

（4）使用功能区：在"默认"选项卡中，单击"绘图"面板中的"构造线"按钮。

2. 操作步骤

执行上述任意一项操作后，命令行提示如下。

命令：XLINE ∠

指定点或 [水平（H）/ 垂直（V）/ 角度（A）/ 二等分（B）/ 偏移（O）]：指定点或选择 []
内的选项

指定通过点：指定第二点

指定通过点：✓（结束命令）

3. 选项的含义

命令行执行选项中，各选项的含义如下。

（1）水平（H）：创建水平的构造线。

（2）垂直（V）：创建垂直的构造线。

（3）角度（A）：可以选择一条参照线，再指定构造线与该线之间的角度。

（4）等分（B）：可以创建一等分指定角的构造线，此时必须指定等分角度的定点、起点和端点。

（5）偏移（O）：可创建平行于指定线的构造线，此时必须指定偏移距离、基线和构造线位于基
线的哪一侧。

提示：在命令行中，输入命令行选项中括号内的字母，表示执行该字母所代表的命令。如
上述操作中输入 H 后按 Enter 键，表示绘制水平构造线。一般情况下，直接按 Enter 键执行默
认操作。

2.2 绘制平面多边形

简单的平面多边形命令包括绘制矩形和正多边形，在 AutoCAD 中常用来绘制物体的轮廓线。

2.2.1 绘制矩形

绘图时，可以通过指定对角点、长度、宽度以及旋转角度来创建矩形。

1."矩形"命令的执行方式

（1）使用命令行：输入 RECTANG 或 REC。

（2）使用菜单栏：在"绘图"菜单栏中，选择"矩形"命令。

（3）使用工具栏：单击"绘图"工具栏中的"矩形"按钮 ▱。

（4）使用功能区：在"默认"选项卡中，单击"绘图"面板中的"矩形"按钮 ▱。

2. 操作步骤

命令：REC/RECTANG ✓

指定第一个角点或 [倒角（C）/ 标高（E）/ 圆角（F）/ 厚度（T）/ 宽度（W）]：

指定另一个角点或 [面积（A）/ 尺寸（D）/ 旋转（R）]：

使用"矩形"命令不仅能够绘制常规矩形，还可以绘制倒角矩形、圆角矩形，以及为其设
置宽度和厚度值。

3. 选项的含义

命令行执行选项中，各选项的含义如下。

（1）指定第一个角点：通过指定对角点绘制矩形，如图 2-9（a）所示。

（2）倒角（C）：设置矩形的倒角距离，如图 2-9（b）所示。第一个倒角距离是指角点逆时针
倒角距离，第二个倒角距离是指角点顺时针倒角距离。

（3）标高（E）：指定矩形的标高。

（4）圆角（F）：指定矩形的圆角半径，如图2-9（c）所示。

（5）厚度（T）：创建指定厚度的长方体，如图2-9（d）所示。

（6）宽度（W）：为要绘制的矩形指定多段线的宽度，如图2-9（e）所示。

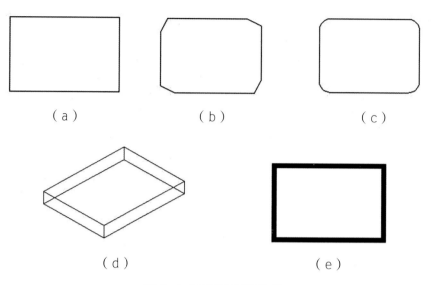

（a）　　　　　　　　　（b）　　　　　　　　　（c）

（d）　　　　　　　　　（e）

图2-9 不同的矩形效果

（7）面积（A）：通过指定面积、长或宽来创建矩形，如图2-10所示。选择该选项，操作步骤如下。

命令：REC/RECTANG✓

指定第一个角点或 [倒角（C）/标高（E）/圆角（F）/厚度（T）/宽度（W）]：

指定另一个角点或 [面积（A）/尺寸（D）/旋转（R）]：A✓

输入以当前单位计算的矩形面积 <100.0000>：100✓

计算矩形标注时依据 [长度（L）/宽度（W）]< 长度 >：✓或W

输入矩形长度 <10.0000>：指定长度或宽度

（8）尺寸（D）：使用长和宽度绘制矩形。

（9）旋转（R）：按一定角度绘制矩形，如图2-11所示。选择该选项后，系统提示：

指定旋转角度或 [拾取点（P）]<0>：输入角度值，顺时针为负，逆时针为正。

指定另一个角点或 [面积（A）/尺寸（D）/旋转（R）]：指定另一角度或选择其他选项。

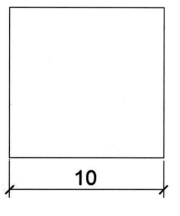

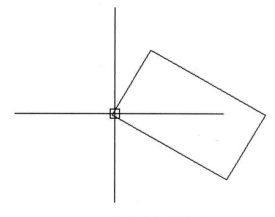

图2-10 按面积绘制矩形　　　　　　　图2-11 按指定角度绘制矩形

【实例 2-4】 绘制办公桌。

本例运用矩形工具绘制办公桌，绘制步骤如下。

① 调用 REC（矩形）命令，绘制办公桌外轮廓，操作步骤如下。

命令：REC✓

指定第一个角点或 [倒角（C）/ 标高（E）/ 圆角（F）/ 厚度（T）/ 宽度（W）]：0，0

指定另一个角点或 [面积（A）/ 尺寸（D）/ 旋转（R）]：d✓

指定矩形的长度 <1595.6218>：120✓

指定矩形的宽度 <10.0000>：60✓

指定另一个角点或 [面积（A）/ 尺寸（D）/ 旋转（R）]：指定另一角点方向

操作结果如图 2-12 所示。

② 重复 REC（矩形）命令，绘制内轮廓，操作步骤如下。

命令：REC✓

指定第一个角点或 [倒角（C）/ 标高（E）/ 圆角（F）/ 厚度（T）/ 宽度（W）]：2，2

指定另一个角点或 [面积（A）/ 尺寸（D）/ 旋转（R）]：d✓

指定矩形的长度 <120.0000>：116✓

指定矩形的宽度 <60.0000>：56✓

指定另一个角点或 [面积（A）/ 尺寸（D）/ 旋转（R）]：指定另一角点方向

操作结果如图 2-13 所示。

③ 重复 REC（矩形）命令，绘制桌上物品。

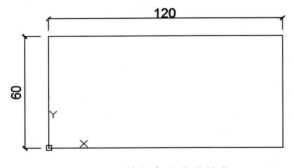

图 2-12 绘制办公桌外轮廓

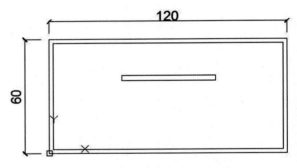

图 2-13 绘制办公桌内轮廓

2.2.2 绘制正多边形

由 3 条或 3 条以上长度相等且首尾相接的直线段组成的图形叫作正多边形。使用多边形命令可以绘制多种正多边形，如图 2-14 所示。正多边形的边数范围为 3 ～ 1 024。

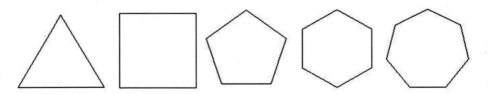

图 2-14 各种正多边形

1.“多边形”命令执行方式

（1）使用命令行：输入 POLYGON 或 POL。

（2）使用菜单栏：选择"绘图"/"多边形"命令。

（3）使用工具栏：单击"绘图"工具栏中的"多边形"按钮。

（4）使用功能区：在"默认"选项卡中，单击"绘图"面板中的"多边形"按钮。

2. 操作步骤

命令：POL/POLYGON ∠

输入侧面数 <4>：5 ∠（输入边数）

指定正多边形的中心点或 [边（E）]：在绘图区指定中心点

输入选项 [内接于圆（I）/ 外切于圆（C）]<I>：∠ [<I> 表示输入 Enter 默认执行 I 的命令。

I 表示该多边形内接于圆，如图 2-15（a）所示，C 表示该多边形外切于圆，如图 2-15（b）所示]

指定圆的半径：50 ∠

3. 选项含义

边（E）：通过多边形边的长度绘制多边形。只要指定一条边的长度和位置，系统就会按逆时针方向创建该正多边形，如图 2-15（c）所示。

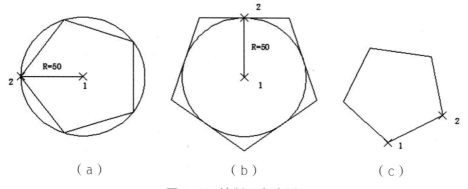

（a）　　　　　　　　　（b）　　　　　　　　　（c）

图 2-15 绘制正多边形

【实例 2-5】 绘制六边形窗框。

本例运用正多边形工具绘制六边形窗框，绘制步骤如下。

① 绘制外轮廓线，调用 POL（多边形）命令，选择边数 6，输入中心点坐标（1000，1000），输入 I 选择内接于圆，指定半径 R 为 600，如图 2-16 所示。

② 绘制内轮廓线，调用 POL（多边形）命令，选择边数 6，输入中心点坐标（1000，1000），输入 I 选择内接于圆，指定半径 R 为 550，如图 2-17 所示。

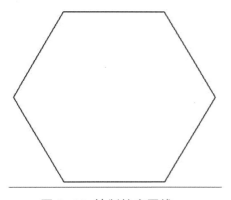

图 2-16 绘制轮廓图线

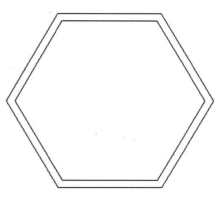

图 2-17 六边形窗

2.3 绘制圆类图形

在 AutoCAD 中，圆类命令主要包括绘制圆、圆弧、椭圆、椭圆弧和圆环等命令，这几个命令是最基础的圆类命令，主要作为绘制图形的轮廓线使用。

2.3.1 绘制圆

绘制圆是通过指定圆的半径或直径创建圆图形。

1."圆"命令执行方式

（1）使用命令行：输入 CIRCLE 或 C。

（2）使用菜单栏：单击"绘图"/"圆"菜单命令，在子菜单中选择一种圆的绘制方式，如图 2-18 所示。

（3）使用工具栏：单击"绘图"工具栏中的"圆"命令按钮 ⊘。

（4）使用功能区：在"默认"选项卡中，单击"绘图"面板中的"圆"按钮 ⊘。

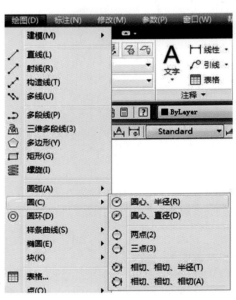

图 2-18 "圆" 子菜单

2. 操作步骤

命令：C/CIRCLE ✓

指定圆的圆心或 [三点（3P）/ 两点（2P）/ 切点、切点、半径（T）]：指定圆心或选择其他绘圆方式。

指定圆的半径或 [直径(D)]<50.0000>：输入半径值或用鼠标指定半径长度或选择直径输入，按 Enter 键结束命令。

3. 选项含义

AutoCAD 提供了以下 6 种不同的绘圆方式。

（1）圆心、半径：利用圆心和半径绘制圆，如图 2-19（a）所示。

（2）圆心、直径（D）：利用圆心和直径绘制圆，如图 2-19（b）所示。

（3）三点（3P）：通过指定圆上 3 个点绘制圆，如图 2-19（c）所示。

（4）两点（2P）：通过指定圆直径的两个端点绘制圆，如图 2-19（d）所示。

（5）相切、相切、半径（T）：指定两个相切的对象，输入半径值来绘制圆，如图 2-19（e）所示。

（6）相切、相切、相切（A）：指定 3 个相切的对象绘制圆，如图 2-19（f）所示。

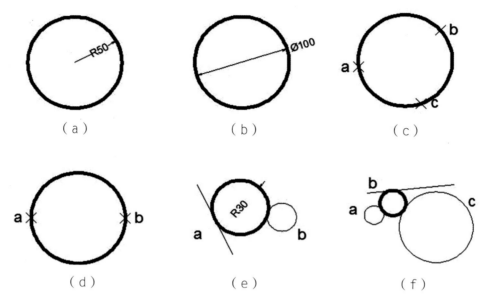

图 2-19 圆的 6 种创建方式

【实例 2-6】 绘制圆凳。

本例运用圆形工具绘制圆凳，绘制步骤如下。

① 调用 L（直线）命令，绘制两条相互垂直的直线，如图 2-20 所示。

② 调用 C（圆）命令，以两条直线的交点为圆心，绘制半径为 20 的圆，如图 2-21 所示。

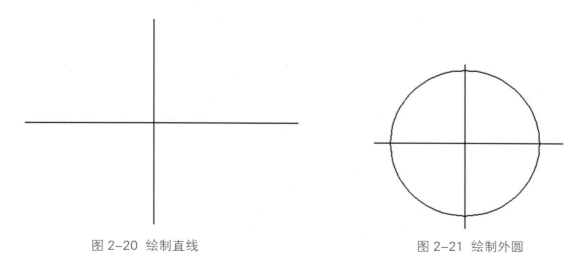

图 2-20 绘制直线   图 2-21 绘制外圆

③ 调用 C（圆）命令，以两条直线的交点为圆心，绘制半径为 18 的圆，如图 2-22 所示。

④ 删除两条直线，如图 2-23 所示。

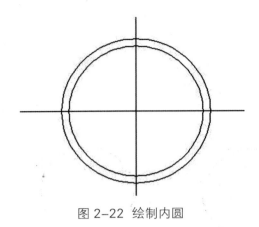
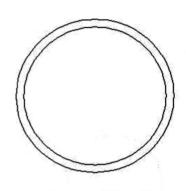

图 2-22 绘制内圆　　　　　　　　图 2-23 删除直线

2.3.2 绘制圆弧

1. "圆弧"命令执行方式

（1）使用命令行：输入 ARC 或 A。

（2）使用菜单栏：单击"绘图"/"圆弧"菜单命令，在子菜单中选择一种方式绘制圆弧，如图 2-24 所示。

（3）使用工具栏：单击"绘图"工具栏中的"圆弧"命令按钮 。

（4）使用功能区：在"默认"选项卡中，单击"绘图"面板中的"圆弧"按钮 。

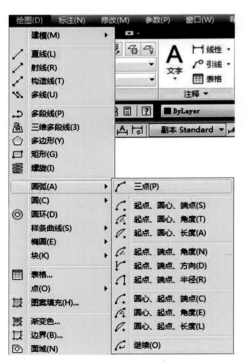

图 2-24 "圆弧"子菜单

2. 操作步骤

命令：A/ARC ↙

圆弧创建方向：逆时针（按住 Ctrl 键可切换方向）

指定圆弧的起点或 [圆心（C）]：指定圆弧起点

指定圆弧的第二个点或 [圆心（C）/ 端点（E）]：指定第二点

指定圆弧的端点：指定端点

3. 选项含义

AutoCAD 提供了以下 11 种不同的绘制圆弧的方式，用户可以根据需要选择圆弧绘制方式。

（1）三点：通过指定圆弧上的 3 点绘制圆弧，需要指定圆弧的起点、通过的第二点和端点，如图 2-25（a）所示。

（2）起点、圆心、端点：通过指定圆弧的起点、圆心、端点绘制圆弧，如图 2-25（b）所示。

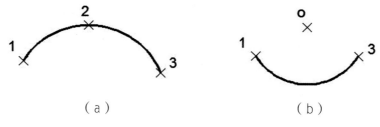

（a）　　　　　　　　　　　　　　（b）

图 2-25 圆弧绘制

（3）起点、圆心、角度：通过指定圆弧的起点、圆心、包含角绘制圆弧，如图 2-26 所示。

（4）起点、圆心、长度：通过指定圆弧的起点、圆心、弦长绘制圆弧，如图 2-27 所示。

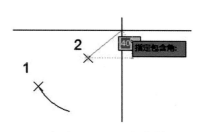
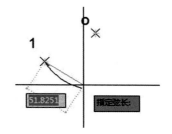

图 2-26 起点、圆心、角度绘制圆弧　　　　图 2-27 起点、圆心、长度绘制圆弧

（5）起点、端点、角度：通过指定圆弧的起点、端点、包含角绘制圆弧，如图 2-28 所示。

（6）起点、端点、方向：通过指定圆弧的起点、端点和圆弧的起点切向绘制圆弧，如图 2-29 所示。

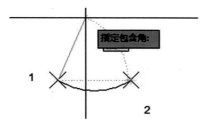
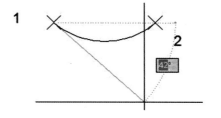

图 2-28 起点、端点、角度绘制圆弧　　　　图 2-29 起点、端点、方向绘制圆弧

（7）起点、端点、半径：通过指定圆弧的起点、端点和半径绘制圆弧，如图 2-30 所示。

（8）圆心、起点、端点：通过指定圆弧的圆心、起点和端点绘制圆弧，如图 2-31 所示。

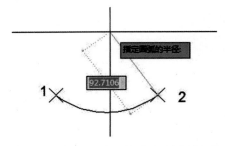

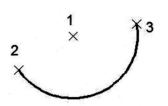

图 2-30 起点、端点和半径绘制圆弧　　　　图 2-31 圆心、起点和端点绘制圆弧

（9）圆心、起点、角度：通过指定圆弧的圆心、起点、圆心角绘制圆弧。

（10）圆心、起点、长度：通过指定圆弧的圆心、起点和端点绘制圆弧，如图 2-32 所示。

（11）连续：以上一条线段的端点作为起点绘制圆弧，如图 2-33 所示。

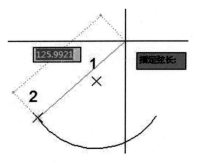
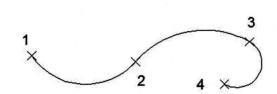

图 2-32 圆心、起点和长度画弧　　　　　　图 2-33 连续画弧

提示：系统默认逆时针方向为正方向，绘制圆弧时输入正值角度，则圆弧绕圆心沿逆时针绘制；负值则相反。

【实例 2-7】 绘制椅子。

本例运用圆弧工具绘制椅子，绘制步骤如下。

① 调用 C（圆）命令，以 220 为半径绘制圆，如图 2-34 所示。

② 调用 L（直线）命令，以圆心为起点绘制两条直线，长度为 260，角度分别为 - 46°和 - 134°，如图 2-35 所示。

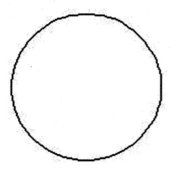
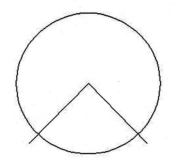

图 2-34 绘制圆形轮廓　　　　　　　　　图 2-35 绘制辅助直线

③ 调用 A（弧）命令，以圆心、起点和端点绘制圆弧；调用 L（直线）命令，延长两条直线，长度为 30；调用 A（弧）命令，以圆心、起点和端点绘制最外侧弧，如图 2-36 所示。

④ 用 L 命令绘制余下部分。完成结果如图 2-37 所示。

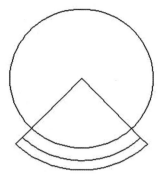

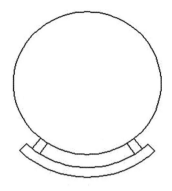

图 2-36 绘制弧形靠背　　　　　　　　图 2-37 椅子最终效果

2.3.3 绘制圆环

圆环是由相同圆心、不同直径的两个同心圆组成的图形。

1."圆环"命令执行方式

（1）使用命令行：输入 DONUT/DO。

（2）使用菜单栏：单击"绘图"/"圆环"命令。

（3）使用功能区：在"默认"选项卡中，单击"绘图"面板中的"圆环"按钮◎。

2. 操作步骤

命令：DO/ DONUT↙

指定圆环的内径 <默认值>：指定圆环内径，若输入值为零，则所画为实心填充圆

指定圆环的外径 <默认值>：指定圆环的外径

指定圆环的中心点或 <退出>：指定圆环中心位置

指定圆环的中心点或 <退出>：↙或继续指定中心点

默认所画圆环为填充圆环，如图 2-38（a）所示。使用 FILL 命令可以控制填充的开关，命令操作如下。

命令：FILL↙

输入模式 [开（ON）/ 关（OFF）]< 开 >：off↙

选择"关（OFF）"选项，绘制的圆环不填充，如图 2-38（b）所示。

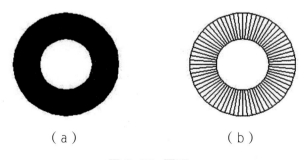

（a）　　　　　　　　（b）

图 2-38 圆环

2.3.4 绘制椭圆与椭圆弧

椭圆与圆相比，半径长度不一，形状由长轴和短轴定义。

1. 椭　圆

（1）"椭圆"命令执行方式。

① 使用命令行：输入 ELLIPSE 或 EL。

② 使用菜单栏：单击"绘图"/"椭圆"命令。

③ 使用工具栏：在"绘图"工具栏中，单击"椭圆"按钮 ⬭。

④ 使用功能区：在"默认"选项卡中，单击"绘图"面板中的"椭圆"按钮 ⬭。

（2）操作步骤。

命令：ELLIPSE ✓

指定椭圆的轴端点或 [圆弧（A）/ 中心点（C）]：指定椭圆一轴端点

指定轴的另一个端点：指定轴的另一个端点或输入轴的长度

指定另一条半轴长度或 [旋转（R）]：指定另一条半轴长度或用鼠标指定端点

2. 椭圆弧

（1）"椭圆弧"命令执行方式。

① 使用命令行：输入 ELLIPSE 或 EL 并按 Enter 键，输入 A 选择"圆弧"选项。

② 使用菜单栏：单击"绘图"/"椭圆弧"命令。

③ 使用工具栏：在"绘图"工具栏中，单击"椭圆弧"按钮 ⬭。

④ 使用功能区：在"默认"选项卡中，单击"绘图"面板中的"椭圆"下拉菜单中的"椭圆弧"按钮 ⬭。

（2）操作步骤。

命令：EL/ELLIPSE ✓

指定椭圆的轴端点或 [圆弧（A）/ 中心点（C）]：A ✓

指定椭圆弧的轴端点或 [中心点（C）]：

指定轴的另一个端点：

指定另一条半轴长度或 [旋转（R）]：

指定起点角度或 [参数（P）]：指定起始角度或输入 P ✓

指定端点角度或 [参数（P）/ 包含角度（I）]：

【实例 2-8】 绘制洗脸盆。

本例运用椭圆和椭圆弧命令绘制洗脸盆，绘制步骤如下。

① 调用 L（直线）命令，绘制两条相互垂直的直线作为对称轴。

② 绘制椭圆外轮廓，命令行输入 EL 并按 Enter 键，以两直线交点为椭圆的中心，输入长轴半径为 286 并按 Enter 键确定；输入短轴半径为 205 并按 Enter 键确定，如图 2-39 所示。

③ 绘制椭圆内轮廓，命令行输入 EL 并按 Enter 键，以两直线交点为椭圆的中心，输入长轴半径为 264 并按 Enter 确定；输入短轴半径为 184 并按 Enter 键确定，如图 2-40 所示。

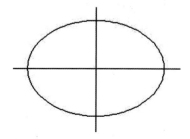
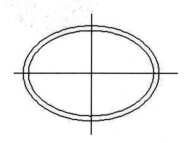

图 2-39 绘制洗脸盆外轮廓　　　　　图 2-40 绘制洗脸盆内轮廓

④ 调用 L（直线）命令，绘制水平定位辅助线，距内椭圆短轴上端点 85，如图 2-41 所示。

⑤ 调用 DO（圆环）命令，圆环内径为 40，外径为 60，删除多余辅助线，如图 2-42 所示。

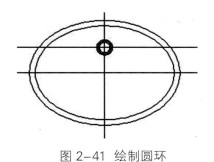

图 2-41 绘制圆环

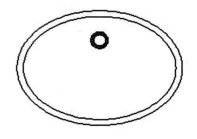

图 2-42 绘制完成的洗脸盆

2.4 多段线

多段线是一种由线段和圆弧组合而成的不同线宽的多线，所绘制的图形为一个整体，修改时也作为一个整体来进行处理，不能分开编辑。这种线弥补了直线或圆弧功能的不足，适合绘制各种复杂的图形轮廓，因而得到广泛的应用。

2.4.1 绘制多段线

1."多段线"命令执行方式

（1）使用命令行：输入 PLINE 或 PL。

（2）使用菜单栏：单击"绘图"/"多段线"命令。

（3）使用工具栏：在"绘图"工具栏中，单击"多段线"按钮 ⤵。

（4）使用功能区：在"默认"选项卡中，单击"绘图"面板中的"多段线"按钮 ⤵。

2. 操作步骤

命令：PL/PLINE ↙

指定起点：

当前线宽为 0.0000

指定下一个点或 [圆弧（A）/ 半宽（H）/ 长度（L）/ 放弃（U）/ 宽度（W）]：指定下一个点

指定下一点或 [圆弧（A）/ 闭合（C）/ 半宽（H）/ 长度（L）/ 放弃（U）/ 宽度（W）]：
↙结束命令。

3. 选项含义

（1）圆弧（A）：由直线段切换至圆弧模式。

（2）半宽（H）：设置多段线起始与结束的上下部分的宽度值，即宽度的两倍。

（3）长度（L）：绘出与上一段角度相同的线段。

（4）放弃（U）：退回至上一点。

（5）宽度（W）：设置多段线起始与结束的宽度值。

（6）闭合（C）：将绘制的两段以上不在同一条线上的线自动闭合。

多段线的不同绘制形式如图 2-43 所示。

图 2-43 不同形式的多段线

2.4.2 编辑多段线

1."编辑多段线"命令执行方式

（1）使用命令行：输入 PEDITE/PE。

（2）使用菜单栏：单击"修改"/"对象"/"多段线"命令，如图 2-44 所示。

（3）使用工具栏：在"修改Ⅱ"工具栏中，单击"编辑多段线"按钮。

（4)使用右键菜单：选择要编辑的多段线,在绘图区单击鼠标右键,在弹出的右键菜单中选择"编辑多段线"命令，如图 2-45 所示。

（5）双击绘制完的多段线，可直接进入编辑状态。

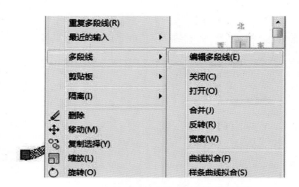

图 2-44 "对象"命令子菜单 　　　　图 2-45 通过右键菜单编辑多段线

2. 操作步骤

命令：PE/PEDIT ✐

选择多段线或 [多条（M）]：选择要编辑的多段线

输入选项 [闭合（C）/ 合并（J）/ 宽度（W）/ 编辑顶点（E）/ 拟合（F）/ 样条曲线（S）/ 非曲线化（D）/ 线型生成（L）/ 反转（R）/ 放弃（U）]：选择编辑选项

3. 选项含义

（1）合并（J）：以选中的多段线为主体，将其他直线段、圆弧或多段线合并成一条多段线。合并的条件必须是各类线段首尾相连，如图 2-46 所示。

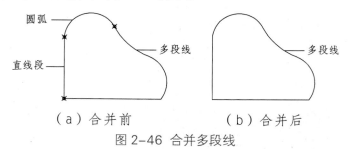

（a）合并前 　　　　　（b）合并后

图 2-46 合并多段线

（2）宽度（W）：编辑多段线的宽度，使整条多段线线宽一致，如图2-47所示。

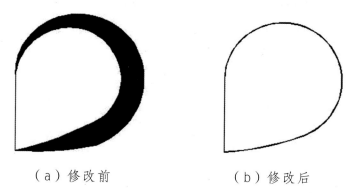

（a）修改前　　　　　　　　（b）修改后

图2-47 编辑多段线线宽

（3）编辑顶点（E）：选择该选项后，在多段线起点处出现一个斜的十字叉"×"（见图2-48），为当前顶点的标记，命令行提示如下。

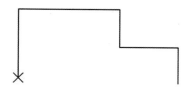

图2-48 编辑多段线顶点

输入顶点编辑选项

[下一个（N）/上一个（P）/打断（B）/插入（I）/移动（M）/重生成（R）/拉直（S）/切向（T）/宽度（W）/退出（X）]<N>：

这些选项允许用户在该点处打断、移动、插入和改变线宽的操作。

（4）拟合（F）：将指定的多段线生成光滑的圆弧拟合曲线，该曲线经过多段线的各个顶点，如图2-49所示。

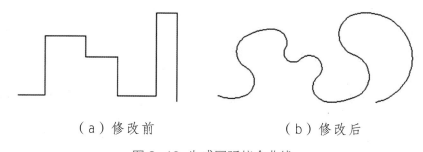

（a）修改前　　　　　　　　（b）修改后

图2-49 生成圆弧拟合曲线

（5）样条曲线（S）：以多段线的各个顶点为控制点生成样条曲线，如图2-50所示。

（6）非曲线化（D）：用于将"拟合"或者"样条曲线"操作后生成的圆弧拟合曲线或样条曲线，恢复成由直线段组成的多段线，如图2-51所示。

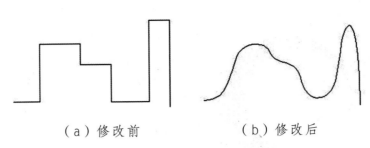

（a）修改前　　　　　　　（b）修改后

图 2-50　多段线生成样条曲线

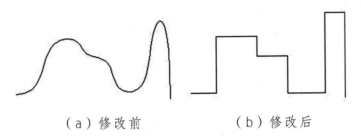

（a）修改前　　　　　　　（b）修改后

图 2-51　样条曲线非曲线化

（7）线型生成（L）：当多段线为点画线时，用来控制多段线的线型生成方式的开关，如图 2-52 所示，线型生成方式为 ON 时，将在每个顶点处以短画线开始或结束生成线型；选择 OFF 时，以长画线开始或结束生成线型。

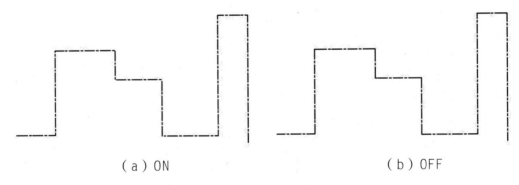

（a）ON　　　　　　　　　　　　（b）OFF

图 2-52　线型生成

（8）反转（R）：该选项用于改变多段线上的顶点顺序，当编辑多段线顶点时会看到此顺序，如图 2-53 所示。

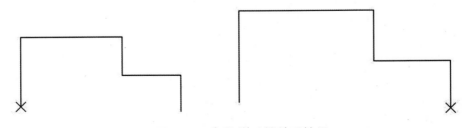

图 2-53　多段线反转前后效果

【实例 2-9】　绘制门洞。

本例运用多段线绘制门洞效果，绘制步骤如下。

调用 PL（多段线）命令，命令操作如下。

命令：PL/PLINE ↙

指定起点：

当前线宽为 0

指定下一个点或 [圆弧（A）/ 半宽（H）/ 长度（L）/ 放弃（U）/ 宽度（W）]：100 ↙

指定下一点或 [圆弧（A）/ 闭合（C）/ 半宽（H）/ 长度（L）/ 放弃（U）/ 宽度（W）]：100 ↙

指定下一点或 [圆弧（A）/ 闭合（C）/ 半宽（H）/ 长度（L）/ 放弃（U）/ 宽度（W）]：a ↙

指定圆弧的端点或

[角度（A）/ 圆心（CE）/ 闭合（CL）/ 方向（D）/ 半宽（H）/ 直线（L）/ 半径（R）/ 第二个点（S）/ 放弃（U）/ 宽度（W）]：w ↙

指定起点宽度 <0>：0 ↙

指定端点宽度 <0>：30 ↙

指定圆弧的端点或

[角度（A）/ 圆心（CE）/ 闭合（CL）/ 方向（D）/ 半宽（H）/ 直线（L）/ 半径（R）/ 第二个点（S）/ 放弃（U）/ 宽度（W）]：100 ↙

指定圆弧的端点或

[角度（A）/ 圆心（CE）/ 闭合（CL）/ 方向（D）/ 半宽（H）/ 直线（L）/ 半径（R）/ 第二个点（S）/ 放弃（U）/ 宽度（W）]：L ↙

指定下一点或 [圆弧（A）/ 闭合（C）/ 半宽（H）/ 长度（L）/ 放弃（U）/ 宽度（W）]：100 ↙

指定下一点或 [圆弧（A）/ 闭合（C）/ 半宽（H）/ 长度（L）/ 放弃（U）/ 宽度（W）]：w ↙

指定起点宽度 <30>：0 ↙

指定端点宽度 <0>：0 ↙

指定下一点或 [圆弧（A）/ 闭合（C）/ 半宽（H）/ 长度（L）/ 放弃（U）/ 宽度（W）]：100 ↙

指定下一点或 [圆弧（A）/ 闭合（C）/ 半宽（H）/ 长度（L）/ 放弃（U）/ 宽度（W）]：300 ↙

指定下一点或 [圆弧（A）/ 闭合（C）/ 半宽（H）/ 长度（L）/ 放弃（U）/ 宽度（W）]：300 ↙

指定下一点或 [圆弧（A）/ 闭合（C）/ 半宽（H）/ 长度（L）/ 放弃（U）/ 宽度（W）]：c ↙

执行上述操作后，绘制的门洞效果如图 2-54 所示。

图 2-54 门洞绘制效果

2.5 多 线

多线是由多条平行线复合组成的。其特点是能够提高绘图效率，保证图线间的统一性。在室内设计中，经常使用多线来创建墙体、平面窗等图形。

2.5.1 定义多线样式

系统默认的多线样式为 STANDARD 样式，它由两条直线组成，但在绘制多线前，通常会根据不同的需要对样式进行专门设置。

1. 定义多线样式命令执行方式

（1）使用命令行：输入 MLSTYLE/ML。
（2）使用菜单栏：单击"格式"/"多线样式"命令。

2. 多线创建和设置方法

（1）调用 ML 命令后，系统将弹出"多线样式"对话框，如图 2-55 所示。
（2）在对话框中单击"新建"按钮，系统将弹出"创建新的多线样式"对话框，在"新样式名"文本框中填写多线名称，如图 2-56 所示。

图 2-55 "多线样式"对话框

图 2-56 "创建新的多线样式"对话框

（3）单击"继续"按钮，弹出"新建多线样式：墙体"对话框，在"图元"选项组中设置偏移距离，如图 2-57 所示。

（4）单击"确定"按钮，关闭对话框。在"多线样式"对话框中，选择新建的多线样式，单击"置为当前"按钮，将其设置为当前使用样式。

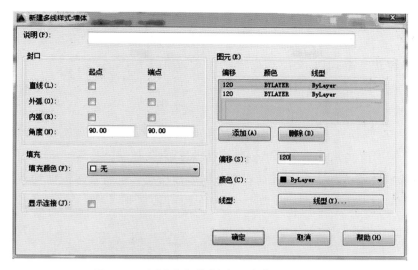

图 2-57 "新建多线样式：墙体"对话框

2.5.2 绘制多线

1. "多线"命令执行方式

（1）使用命令行：输入 MLINE/ML。

（2）使用菜单栏：单击"绘图"/"多线"命令。

2. 操作步骤

命令：ML/MLINE ✓

当前设置：对正 = 上，比例 = 1.00，样式 = STANDARD

指定起点或 [对正（J）/ 比例（S）/ 样式（ST）]：

指定下一点：指定下一点。

指定下一点或 [放弃（U）]：继续指定下一点，继续绘制多线；输入 U 放弃前一段绘制；按 Enter 键结束绘制。

指定下一点或 [闭合（C）/ 放弃（U）]：继续指定下一点，继续绘制多线；输入 C，则闭合多线；输入 U 放弃前一段绘制；按 Enter 键结束绘制。

3. 选项含义

（1）对正（J）：设置多线的对正类型，如图 2-58 所示。

（2）比例（S）：设置平行线宽的比例值，如图 2-59 所示。

（3）样式（ST）：设置由 MLSTYLE 定义完成的多线样式。

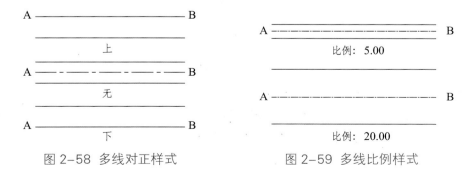

图 2-58 多线对正样式   图 2-59 多线比例样式

2.5.3 编辑多线

多线绘制完成后，会出现线条交叉、重叠等情况，因此需要对其进行编辑修改，以完善图形。"编辑多线"命令执行方式如下。

（1）使用命令行：输入 MLEDIT/MLED。

（2）使用菜单栏：单击"修改"/"对象"/"多线"命令。

执行上述任意一项操作，系统将弹出"多线编辑工具"对话框，如图 2-60 所示。对话框中分 4 列显示了示例图形，利用这些编辑工具可以创建或修改多线模式。其中，第 1 列管理十字交叉类的多线；第 2 列管理 T 形交接的多线；第 3 列管理角点结合的多线；第 4 列管理多线剪切或接合的形式。

选择某个示例图形，然后单击"关闭"按钮，即可按此形式进行多线的编辑。

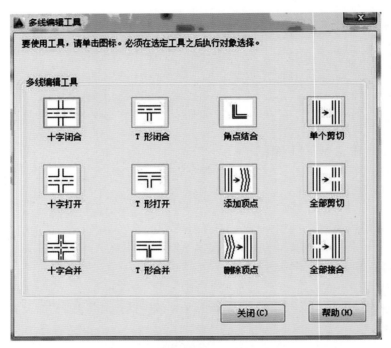

图 2-60 "多线编辑工具"对话框

提示：在使用 T 形闭合、T 形打开和 T 形合并编辑选项时，先选择 T 字形下部分，再选择 T 字形上部分。

【实例 2-10】 绘制墙体。

本例运用"构造线""偏移"命令绘制定位轴线，用"多线"命令绘制墙体，步骤如下。

① 调用 XL（构造线）命令，绘制一条水平构造线和一条竖直构造线。

② 调用 O（偏移）命令，将水平构造线、竖直构造线分别依次向上和向右偏移一定的距离，如图 2-61 所示。

③ 执行"格式"菜单下的"多线样式"命令，新建多线样式，在"图元"中设置偏移位移为 120 和 - 120 两种，并将新建多线置为当前，如图 2-62 所示。

④ 调用 ML（多线）命令，绘制墙体，如图 2-63 所示。

⑤ 调用 MLED（编辑多线）命令，修改居室平面图，绘图结果如图 2-64 所示。

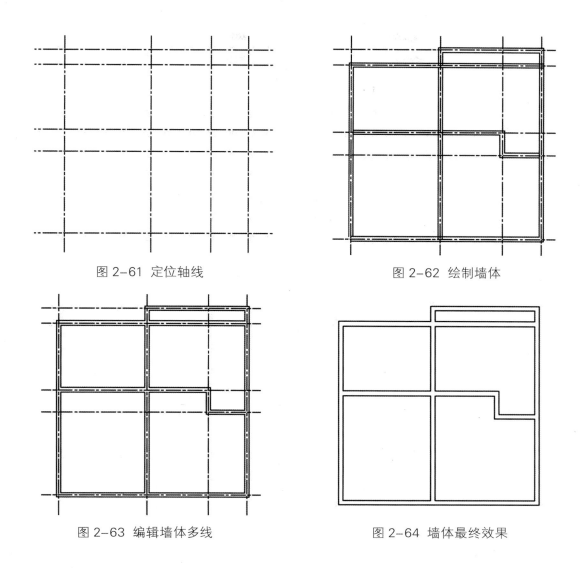

图 2-61 定位轴线　　　　　　　　　　　图 2-62 绘制墙体

图 2-63 编辑墙体多线　　　　　　　　　　图 2-64 墙体最终效果

2.6 样条曲线

AutoCAD 使用一种称为非一致有理 B 样条（NURBS）曲线的特殊样条曲线类型，在线条各控制点间产生一条光滑的曲线。样条曲线可以用于创建平滑的曲线，但多用于作为物体的轮廓线。样条曲线绘制完成后，若对其形态不满意，可以对其进行修改。

2.6.1 绘制样条曲线

1."样条曲线"命令执行方式

（1）使用命令行：输入 SPLINE/SPL。

（2）使用菜单栏：单击"绘图"/"样条曲线"命令。

（3）使用工具栏：单击"绘图"工具栏中的"样条曲线"按钮～。

（4）使用功能区：在"默认"选项卡中，单击"绘图"滑出式面板上的"拟合点"按钮～或者"控制点"按钮 。

2. 操作步骤

命令：SPL/SPLINE ↙
当前设置：方式 = 拟合　节点 = 弦
指定第一个点或 [方式（M）/ 节点（K）/ 对象（O）]：
输入下一个点或 [起点切向（T）/ 公差（L）]：< 正交 关 >
输入下一个点或 [端点相切（T）/ 公差（L）/ 放弃（U）]：
输入下一个点或 [端点相切（T）/ 公差（L）/ 放弃（U）/ 闭合（C）]：

3. 选项含义

（1）方式（M）：通过方式选项选择样条曲线的绘制方式、拟合或者控制点。
（2）节点（K）：通过设置节点参数绘制样条曲线。
（3）对象（O）：将二维或三维的二次或三次样条曲线的拟合多段线转换为等价的样条曲线，然后删除该拟合多段线。
（4）端点相切（T）：定义样条曲线的起点和结束点的切线方向。
（5）公差（L）：指定样条曲线可以偏离指定拟合点的距离，即偏差值。值越大，离控制点越远；反之则越近。

2.6.2 编辑样条曲线

对已经绘制完成的样条曲线，可以通过合并、编辑顶点等操作来调整样条曲线的形状和方向。"样条曲线"命令执行方式如下。

（1）使用命令行：输入 SPLINEEDIT/SPE。
（2）使用菜单栏：单击"修改"/"对象"/"样条曲线"命令，如图 2-65 所示。
（3）使用工具栏：单击"修改Ⅱ"工具栏中的"编辑样条曲线"按钮 ⌇。
（4）使用快捷菜单：选择要编辑的样条曲线，在绘图区单击鼠标右键，在弹出的右键菜单中选择"样条曲线"子菜单中的编辑命令，如图 2-66 所示。
（5）双击：双击样条曲线，也可进入编辑状态。

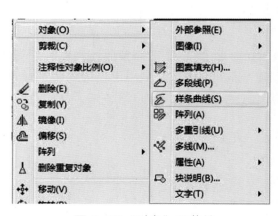

图 2-65 "对象"子菜单

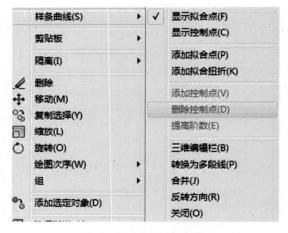

图 2-66 右键快捷菜单

单击已绘制的样条曲线，此时样条曲线出现蓝色的夹点，拖动夹点可以调整曲线的形状。单击三角形控制夹点，可以转换样条曲线的类型，如图 2-67 所示。

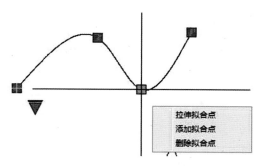

图 2-67 夹点编辑状态

2.7 图案填充

图案填充是在指定的图形对象或者物体外轮廓进行特定图案的填充操作，以便更好地表达图形的含义，或者与其他图形作区分。

2.7.1 图案填充操作

1. "图案填充"命令执行方式

（1）使用命令行：输入 HATCH/BHATCH/H。
（2）使用菜单栏：单击"绘图"/"图案填充"命令。
（3）使用工具栏：单击"绘图"工具栏中的"图案填充"按钮 ▨。
（4）使用功能区：在功能区"默认"选项卡中，单击"绘图"面板中的"图案填充"按钮 ▨。

2. 操作步骤

执行上述任意一项操作后，系统将弹出如图 2-68 所示的"图案填充和渐变色"对话框，包括图案填充和渐变色两个选项卡。各选项组和按钮的含义如下。

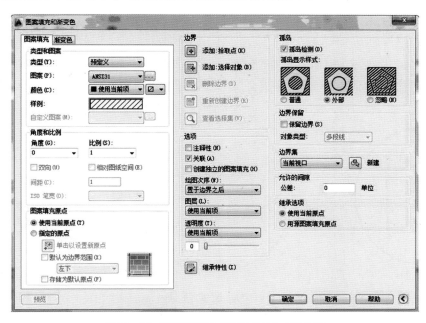

图 2-68 "图案填充和渐变色"对话框

（1）图案填充。

①"类型和图案"选项组：可以在"类型"下拉列表中，选择填充图案类型，单击"图案"选项右侧的按钮，在弹出的"填充图案选项板"对话框中选择要填充的图案，如图2-69所示。在颜色选项后的下拉列表中，可设置填充图案的颜色，如图2-70所示。"样例"图像框用来显示选定的图案。

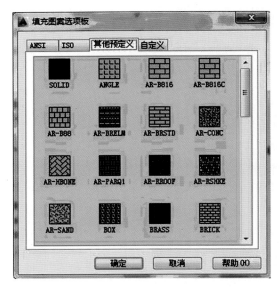

图2-69 "填充图案选项板"对话框

图2-70 "颜色"选项

②"角度和比例"选项组：该选项组主要用来设置填充图案的密度与角度。默认角度为0，初始比例为1。

③"图案填充原点"选项组：该选项组用来控制填充图案生成的起始位置。系统默认"使用当前原点"来绘制图案填充，当前原点为UCS原点；若选择"指定的原点"按钮，单击"单击以设置新原点"按钮，在填充区域内重新指定新原点，所绘制的填充图案会更加整齐美观。

④"边界"选项组：单击"添加：拾取点（K）"按钮，在绘图区的填充区域（封闭图形）单击，按下Enter键返回对话框，单击"确定"按钮关闭对话框，即可完成图案填充操作，如图2-71所示。单击"添加：拾取对象（B）"按钮，选择要填充的对象，按下Enter键返回对话框，单击"确定"按钮关闭对话框，即可完成图案填充操作，如图2-72所示。

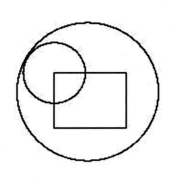

（a）选择一点

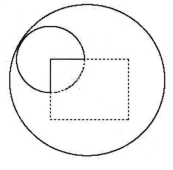

（b）填充区域

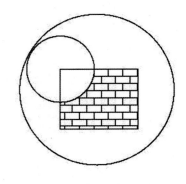

（c）填充结果

图2-71 拾取点进行填充

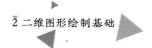

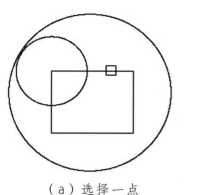

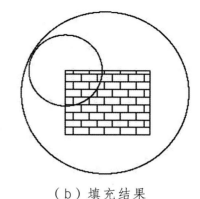

（a）选择一点　　　　　　　　　　　（b）填充结果

图 2-72　拾取对象进行填充

⑤ "孤岛"选项组：默认该选项组是隐藏的，需要单击对话框右下角展开按钮 ⊙ 展开。其包括 3 种孤岛显示按钮，填充效果如图 2-73 所示。

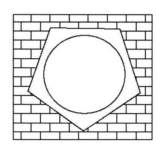

图 2-73　孤岛显示样式

（2）渐变色。

渐变色是指从一种颜色到另一种颜色的平滑过渡。渐变色能产生光的效果，可增加图形的视觉效果。"渐变色"选项卡如图 2-74 所示。渐变色需要设置两种不同的颜色，填充方法与图案填充相同。

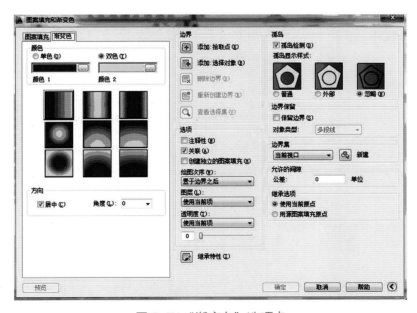

图 2-74　"渐变色"选项卡

2.7.2 编辑图案填充

对已绘制完成的填充图案，还可以进行更改图案样式、填充角度、比例等操作。

"图案填充编辑"命令执行方式如下。

（1）使用命令行：输入 HATCHEDIT。

（2）使用菜单栏：选择"修改"/"对象"/"图案填充"命令。

（3）使用功能区：在"默认"选项卡中，单击"修改"面板中的"编辑图案填充"按钮。

（4）使用键盘：按"Ctrl + 1"组合键，打开"特性"选项板。

（5）双击：双击填充图案，在弹出的菜单中编辑。

（6）使用右键菜单：选择已填充图案，在绘图区单击右键，选择"图案填充编辑"按钮。

执行上述任意一项操作，都可以编辑图案填充。

【实例 2-11】 绘制居室室内铺装。

本例运用填充图案命令，进行居室室内铺装的创建，步骤如下。

① 使用【实例 2-9】中绘制的居室进行图案填充，如图 2-75 所示。

② 调用 H（图案填充）命令，在弹出的"图案填充和渐变色"对话框中定义填充图案的样式和比例，如图 2-76 所示。

③ 在绘图区中选择填充区域，绘制结果如图 2-77 所示。

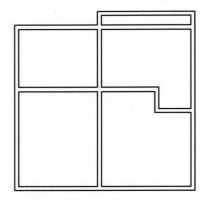

图 2-75 居室平面图

图 2-76 "图案填充和渐变色"对话框

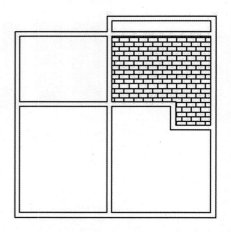

图 2-77 图案填充 a

④ 用同样的方法对其他区域进行填充，绘制结果如图 2-78 ~ 2-80 所示。

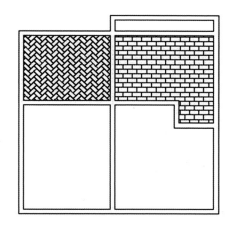

图 2-78 图案填充 b 设置参数及结果

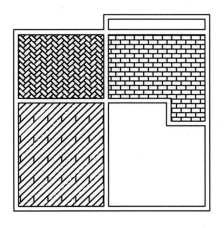

图 2-79 图案填充 c 设置参数及结果

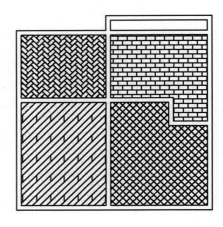

图 2-80　图案填充 d 设置参数及结果

2.8　图层创建与管理

AutoCAD 中的图层就相当于手工绘图中使用的重叠透明图纸，可以将不同类型的图形用不同的图层来组织。AutoCAD 中的所有图形都具有图层、颜色、线型和线宽 4 个属性。在绘图时，图形对象将创建在当前图层上。每个 CAD 文档所创建的图层数量不限，且应有自己的名称。

2.8.1　创建图层

在使用图层工具对图形进行管理操作之前，必须先执行创建图层的操作，才能对指定的图层执行相应的操作。

1.　创建图层的执行命令

新建的 CAD 文档中只能自动创建一个图层，名为"0"层。默认情况下，0 层被指定使用 7 号颜色、Continuous 线型、默认线宽及 NORMAL 打印样式，且该层不能被删除或者重命名。

用户可以通过创建图层命令，创建新图层，将类型相似的对象指定给同一个图层，使其关联。创建图层可在"图形特性管理器"对话框中完成。打开该对话框的方法有以下几种。

（1）使用命令行：输入 LAYRE 或 LA，并按 Enter 键。

（2）使用菜单栏：选择"格式"/"图层"菜单命令。

（3）使用工具栏：单击"图层"工具栏中的"图层特性"工具按钮。

（4）使用功能区：在"默认"选项卡中，单击"图层"面板中的"图层特性"按钮。

执行上述任意一项操作后，系统都会弹出"图层特性管理器"对话框，如图 2-81 所示。

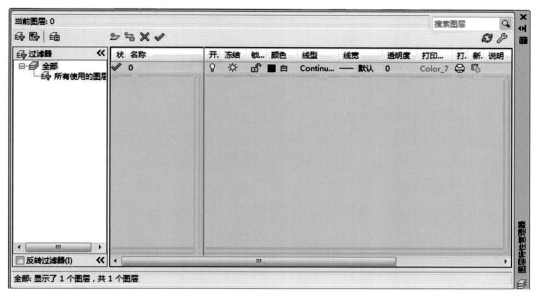

图 2-81 "图形特性管理器"对话框

2. 新建图层的方法

（1）在打开的"图形特性管理器"对话框中，单击"建新图层"按钮 。

（2）在键盘上按"Alt + N"组合键。

（3）选择已有图层，如图层 0，单击右键，在弹出的右键快捷菜单中选择"新建图层"，如图 2-82 所示。

图 2-82 右键新建图层

（4）新建多个图层，可在建立一个新的图层"图层 1"后，改变图层名，在其后面输入"，"，系统将会自动新建图层"图层 1"。以此类推，可快速新建多个图层，如图 2-83 所示。

（5）连续按两次 Enter 键，建立另一个新图层。

图 2-83 使用"，"快速新建图层

2.8.2 设置图层

每个新建图层的属性都是系统默认的参数。在工程图中，整个图形包括多种不同功能的图形对象，为了便于直观地区分，需要用户对各个图层的各项属性进行设定，如颜色、线型等，以适应各类图形的需要，否则便失去了利用图层对图形进行管理的目的。

在"图层特性管理器"对话框中，显示了图层的 9 种属性，如图层名称、关闭 / 打开图层、颜色、线型、线宽等。单击各属性列表下的按钮，在弹出的对话框中修改图层的属性。

1. 设置图层线条颜色

单击"颜色"选项列表下的按钮■ 白，系统将弹出"选择颜色"对话框，在其中选择需要的颜色，如图 2-84 所示。单击"确定"按钮关闭对话框，即可将选定图层的颜色改变为指定的颜色。

2. 设置图层线型

单击"线型"选项列表下的按钮 Continu...，系统将弹出如图 2-85 所示的"选择线型"对话框。默认情况下，系统只添加 Continuous 线型。单击"加载"按钮，系统将弹出如图 2-86 所示的"加载或重载线型"对话框。在该对话框中选择所需的线型，单击"确定"按钮关闭对话框，即可把所选线型加载到"已加载的线型"列表中，如图 2-87 所示，加载时可按 Ctrl 键选择多条同时加载。单击"确定"按钮关闭"选择线型"对话框。

图 2-84 "选择颜色"对话框

图 2-85 默认下"选择线型"对话框

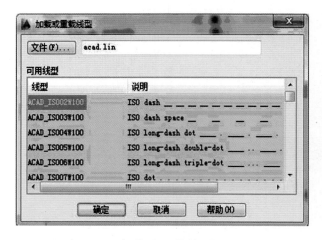

图 2-86 "加载或重载线型"对话框

图 2-87 加载后"选择线型"对话框

3. 设置图层线宽

单击"线宽"选项列表下的按钮 —— 默认，系统将弹出"线宽"对话框，在其中选择需要的线宽，如图 2-88 所示。单击"确定"按钮关闭对话框，即可将选定图层设置成指定线宽。

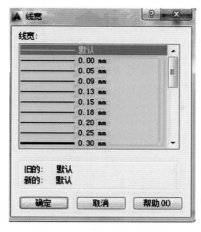

图 2-88 "线宽"对话框

2.8.3 管理图层

图层的管理主要是对图层的状态管理，包括状态、名称、开/关、冻结/不冻结、锁定/不锁定、删除等。

1. 设置当前图层

将指定的图层置为当前图层，则当前所进行的绘图或编辑操作都针对该图层进行，并继承该图层的属性。将指定图层置为当前图层的操作方法有以下几种。

（1）打开"图层特性管理器"对话框，选定图层，单击"置为当前"按钮 。

（2）打开"图层特性管理器"对话框，选定图层，按下"Alt + C"组合键。

（3）打开"图层特性管理器"对话框，选定图层，单击鼠标右键，在弹出的快捷菜单中选择"置为当前"命令。

（4）打开"图层特性管理器"对话框，选定图层，双击鼠标左键，所选图层置为当前。

执行上述操作方法的其中一种后，图层名称前的状态按钮显示为 ，如图 2-89 所示，表明该图层被置为当前。

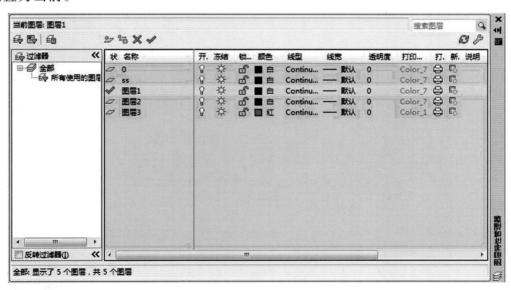

图 2-89 置为当前图层

（5）使用工具栏：在"图层"工具栏中，选择下拉列表下的图层，该图层即置为当前图层，如图2-90所示。或者选择要置为当前的图层中的对象，单击"图层"工具栏中的"将对象的图层设为当前图层"按钮。

（6）使用功能区栏：在"默认"选项卡中的"图层"选项组的下拉列表中选择图层，该图层即置为当前图层，如图2-91所示。或者选择要置为当前的图层中的对象，单击"图层"选项组中的"将对象的图层设为当前图层"按钮。

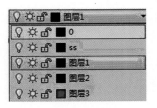

图2-90 "图层"工具栏　　　　　　　　图2-91 "图层"选项组

2. 图形在图层间的搬运

选择要搬运的图形，单击"图层"下拉列表，选择要搬运到的图层，即完成图形在图层间的搬运。此时，该图形的所有属性与搬运到的图层属性一致。图层搬运流程图如图2-92所示。

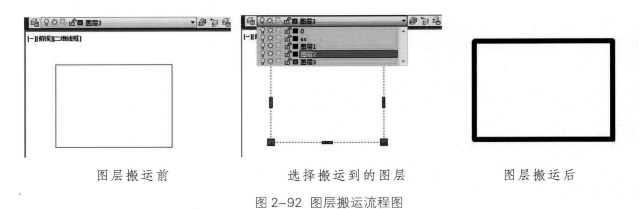

图层搬运前　　　　　　　选择搬运到的图层　　　　　　图层搬运后

图2-92 图层搬运流程图

3. 图形匹配

各图层间各图层之间不同的属性，可以通过特性匹配操作来实现转换。

（1）使用命令行：输入MA/MATCHPROP。

（2）使用菜单栏：选择"修改"/"特性匹配"命令。

（3）使用工具栏：单击"标准"工具栏的"特性匹配"按钮。

执行特性匹配命令，可以将指定图层上选定图形的属性匹配至另一图层中选中的图形上，如图2-93所示，选定源对象，图形会出现虚线，光标变成刷子，再去选择要匹配的对象。

4. 删除图层

多余的图层会给图层的管理带来麻烦，因此，在工作中需要对不必要的图层进行删除。常用方法如下。

（1）打开"图层特性管理器"对话框，选定图层，单击"删除图层"按钮。

（2）打开"图层特性管理器"对话框，选定图层，按下"Alt + D"组合键。

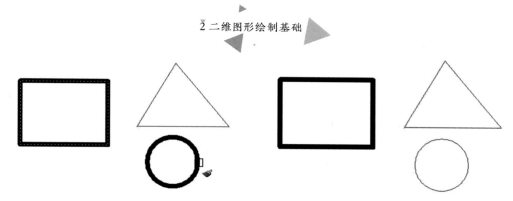

图 2-93 特性匹配流程图

（3）打开"图层特性管理器"对话框，选定图层，单击鼠标右键，在弹出的快捷菜单中选择"删除图层"命令。

5. 开 / 关图层

在"图层特性管理器"对话框中，选定图层，单击"开"选项列表下的灯泡按钮 💡，即可切换为关闭状态，灯泡显示为 💡。切换后，该图层内所有图形被隐藏，且不参与打印输出，开启时又会显示。

6. 冻结 / 解冻图层

在"图层特性管理器"对话框中，选定图层，单击"冻结"选项列表下的太阳按钮 ☼，即可切换为冻结状态，太阳变成 ❅。冻结图层后，图层内所有图形被隐藏，且不参与打印输出，不能进行编辑修改，开启时又会显示。

7. 锁定 / 解锁图层

在"图层特性管理器"对话框中，选定图层，单击"锁定"选项列表下的按钮 🔓，即可切换为锁定状态，锁头变成 🔒。锁定图层后，该图层内图形仍显示，且参与打印输出，也可以绘制新图形对象，但不能进行编辑修改。图层锁定后，图形变成灰色，如图 2-94 所示。

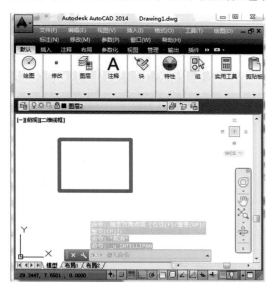

图 2-94 锁定图层

8. 打印样式

打印样式用来控制对象的打印特性，包括颜色、抖动、灰度、线型、线宽等。

9. 打印 / 不打印

在"图层特性管理器"对话框中，选定图层，单击"打印"选项列表下的按钮，即可切换为不打印样式。打印功能只对可见图层起作用。

10. 新视口冻结

新视口冻结用于控制当前视口中图层的冻结和解冻。不解冻图形中设置为"关"或"冻结"的图层，对模型空间视口不可用。

2.8.4 设置对象特性

除了前面介绍的通过图层特性管理器设置图层外，还有其他方法可以设置图形的颜色、线型、线宽等参数。

1. 直接设置图层

（1）颜色设置。

① 使用命令行：输入 COLOR。

② 使用菜单栏：在"格式"菜单下选择"颜色"命令进行设置。

执行上述操作后，系统将弹出"选择颜色"对话框。

（2）线型设置。

① 使用命令行：输入 LINETYPE 或 LTYPE。

② 使用菜单栏：在"格式"菜单下选择"线型"命令进行设置。

执行上述操作后，系统将弹出"线型管理器"对话框，如图 2-95 所示。

（3）线宽设置。

① 使用命令行：输入 LINEWEIGHT 或 LWEIGHT。

② 使用菜单栏：在"格式"菜单下选择"线宽"命令进行设置。

执行上述操作后，系统将弹出"线宽设置"对话框，如图 2-96 所示。

图 2-95 "线型管理器"对话框

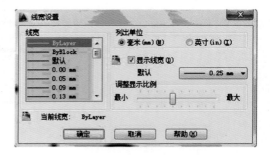

图 2-96 "线宽设置"对话框

2. 通过"特性"工具栏设置图层

用户可以通过如图 2-97 所示的"特性"工具栏快速查看对象图形的颜色、线型和线宽等特性。可在如图 2-98 所示的"颜色"下拉列表中更改颜色；在如图 2-99 所示的"线型"下拉列表中更改线型；在如图 2-100 所示的"线宽"下拉列表中更改线宽。

图 2-97 "特性"工具栏

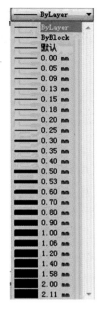

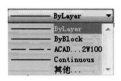

图 2-98 "颜色"列表　　　图 2-99 "线型"列表　　　图 2-100 "线宽"列表

3. 通过"特性"对话框设置图层

（1）使用命令行：输入 DDMODIFY 或 PROPERTIES。

（2）使用菜单栏：在"修改"菜单下选择"特性"命令。

（3）使用工具栏：单击"标准"工具栏中的"特性"按钮。

（4）使用快捷键：按"Ctrl + 1"组合键。

执行上述操作后，系统将弹出如图 2-101 所示的"特性"对话框，可在其中设置线条的颜色、线型、宽度及比例等特性。

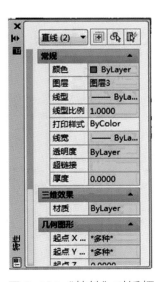

图 2-101 "特性"对话框

2.9 辅助绘图工具

在使用 AutoCAD 工作时，要想顺利、精准地完成绘图工作，需要借助一些辅助绘图工具，如捕捉、栅格、正交等，并根据绘图需要选择合适的辅助工具。下面简要地介绍几种非常重要的辅助绘图工具。

2.9.1 推断约束

可以在创建和编辑几何图形时，自动应用几何约束。

命令的开关如下。

（1）使用状态栏：单击状态栏中的"推断约束"按钮。

（2）使用快捷键：按"Ctrl + Shift + I"组合键开关推断约束命令。

启用"推断约束"模式后，会自动在正在创建或编辑的对象与对象捕捉的关联对象或点之间应用约束。"推断约束"的参数可在"参数"菜单栏下进行设置，如图 2-102 所示；也可在状态栏"推断约束"按钮处右键，点击设置命令，在弹出的如图 2-103 所示的"约束设置"对话框中进行设置。

图 2-102 "参数"菜单栏

图 2-103 "约束设置"对话框

应用"推断约束"模式所绘制的图形会带有约束条件，如图 2-104 所示。

图 2-104 推断约束

2.9.2 栅格与捕捉

在 AutoCAD 中，栅格是等行等列排布的网格，就像传统的坐标纸一样。利用栅格可以对齐对象，并直观显示对象间的距离和图形界限的范围。虽然栅格在屏幕上是可见的，但并不是图形对象，因此不会被打印输出，也不影响作图。用户可以根据绘图的需要，开启或关闭栅格在绘图区的显示，并在"草图设置"对话框中设置栅格间距的大小，从而达到精确绘图的目的。

1. 栅　格

启用栅格功能的方法有以下几种。
（1）使用命令行：输入 GRID。
（2）使用快捷键：按下 F7 键。
（3）使用状态栏：单击状态栏上的"栅格"开关按钮■。
（4）使用"草图设置"对话框：在该对话框中的"捕捉与栅格"选项卡中，勾选启用栅格。
执行上述任意一项操作后，则栅格功能被启用，绘图区显示如图 2-105 所示。

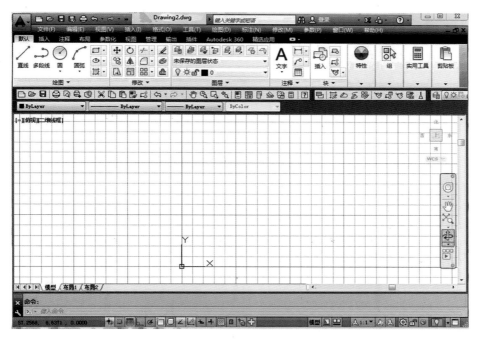

图 2-105　显示栅格

栅格间的水平或者竖直间距可以在"草图设置"对话框中进行设置，"草图设置"对话框的打开方法如下。
（1）使用命令行：输入 DSETTINGS/DS/SE/DDRMODES。
（2）使用菜单栏：选择"工具"/"绘图设置"命令，打开"草图设置"对话框。
（3）使用状态栏：在状态栏上的"栅格"开关按钮■上单击右键，在弹出的快捷菜单中选择"设置"命令。
执行上述任意一项操作后，系统将弹出"草图设置"对话框，在栅格间距选项组中设置栅格轴间距。

2. 捕　捉

捕捉是指 AutoCAD 可以生成一个隐含分布于屏幕上的栅格，这种栅格能够捕捉光标，且光

标只能落在某个栅格点上。鼠标移动的距离为栅格间距的整数倍。

启用捕捉功能的方法有以下几种。

（1）使用快捷键：按下 F9 键。

（2）使用状态栏：单击状态栏上的"捕捉模式"开关按钮。

启用捕捉功能后，可在如图 2-106 所示的"草图设置"对话框中设置捕捉参数和类型。

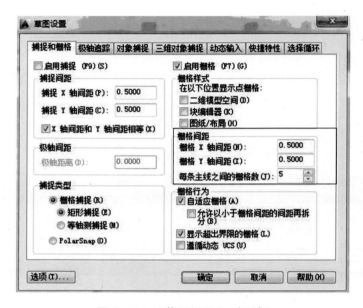

图 2-106 "草图设置"对话框

使用捕捉栅格绘图的效果如图 2-107 所示。

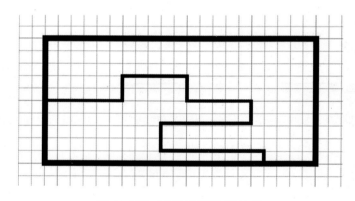

图 2-107 捕捉栅格绘图效果

2.9.3 正交工具

在正交模式下，光标只沿 X 轴或者 Y 轴移动。所绘制线为水平或竖直的直线。

启用正交功能的方法有以下几种。

（1）使用命令行：输入 ORTHO。

（2）使用快捷键：按下 F8 键。

（3）使用状态栏：单击状态栏上的"正交模式"开关按钮。

2.9.4 对象捕捉

对象捕捉是指在绘图时，通过捕捉图形的特征点，如圆心、中点、垂足、端点和交点等，可以高效、准确地绘制或编辑图形。

1. 对象捕捉模式的开启方式

（1）使用快捷键：按下 F3 键。

（2）使用状态栏：单击状态栏上的"对象捕捉"开关按钮🔲。

2. 对象捕捉设置

（1）使用命令行：输入 DSETTINGS。

（2）使用快捷菜单：在状态栏上的"对象捕捉"开关按钮🔲处右键，在弹出的快捷菜单中选择"设置"命令。

执行上述任一操作后，系统将弹出"草图设置"对话框，切换到"对象捕捉"选项卡后，可以在其中勾选需要的对象捕捉模式，如图 2-108 所示。

图 2-108 "对象捕捉"选项卡

常用的对象捕捉模式操作结果如图 2-109 所示。

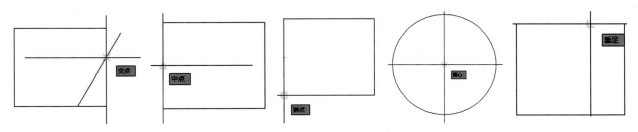

图 2-109 对象捕捉模式

2.9.5 极轴追踪

极轴追踪是在创建或修改对象时，按照事先给定好的角度增量和距离来追踪特征点，实际上是极坐标的一个应用。该功能可以使光标沿着指定角度移动，从而找到指定点。

1. 启用极轴追踪

（1）使用快捷键：按下 F10 键。

（2）使用状态栏：单击状态栏上的"极轴追踪"开关按钮 。

2. 极轴追踪设置。

（1）在状态栏上的"极轴追踪"开关按钮 上单击鼠标右键，在弹出的快捷菜单中设置追踪角度，如图 2-110 所示。

（2）在打开的"草图设置"对话框中的"极轴追踪"选项卡中设定追踪角度，如图 2-111 所示。

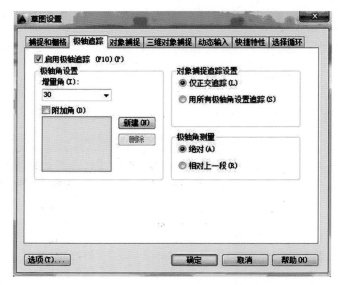

图 2-110 极轴追踪快捷菜单　　　　　　图 2-111 "草图设置"对话框

2.9.6 对象捕捉追踪工具

启用对象捕捉追踪功能，可以使光标从对象捕捉点开始，沿极轴追踪路径进行追踪，并找到需要的精确的位置。

启用对象捕捉追踪功能的方法有以下几种。

（1）使用快捷键：按下 F11 键。

（2）使用状态栏：单击状态栏上的"对象捕捉追踪"开关按钮 。

启动对象捕捉追踪工具，用直线工具绘制正方形的 3 个顶点，并应用对象捕捉追踪捕捉起始点和第三点延伸出来的轴线的交点，在交点处绘制第 4 点，如图 2-112 所示。

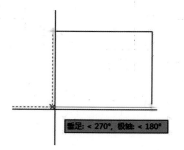

图 2-112 对象捕捉追踪绘图

3 AutoCAD 图形的编辑

导读

运用基本绘图工具绘制的图形相对比较简单，而在实际工作中，有很多复杂的图形，因此需要运用多种绘图命令绘图，并且对基本图形进行编辑形成复杂的图形。本章主要介绍 AutoCAD 中的基本编辑命令的用法，包括图形选择方式、移动、复制、修剪、延伸、缩放等编辑命令。

学习要点

（1）能够熟悉图形的选择方式，并能掌握其应用方法。
（2）掌握删除和恢复图形的方法。
（3）熟练掌握各类修整图形工具。
（4）掌握复制、镜像、阵列和偏移工具的使用方法。
（5）掌握移动、缩放、拉伸和旋转工具的使用方法。

3.1 选择图形的方式

AutoCAD 提供了两种图形编辑的途径：一种是先执行编辑命令，再选择编辑对象；另一种是先选择要编辑的对象，再执行编辑命令。这两种途径的执行效果是相同的，但选择对象是进行编辑的基础和前提。

AutoCAD 选择图形的方式有多种，包括点选、窗选、窗交、圈选、全选和栏选等。

3.1.1 点 选

点选是直接通过点取的方式选择对象，是最常用的选择图形的方式。将光标置于待选的对象之上，如图 3-1 所示，单击鼠标左键，即可将图形选中，如图 3-2 所示。

点选图形只能选中被单击的图形，未被单击的图形不能被选中。连续单击需要选择的对象，可以同时选择多个对象。点选对于选择特定的图形对象较为实用。但是要选择多个对象且较复杂时，不适用点选。

当选择对象较多，且有误选时，按下 Shift 键并再次单击已经选中的对象，可以将其从当前选择中集中删除。按 Esc 键，可以取消对当前所有选定对象的选择。

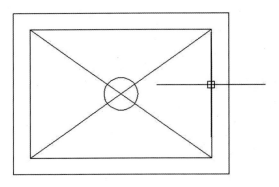

图 3-1 光标置于待选对象上

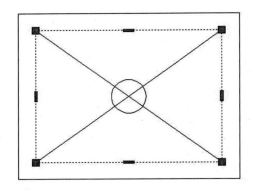

图 3-2 选中对象

3.1.2 窗口选择

窗口选择是一种由两个对角点确定的矩形窗口来选择对象的方法。利用该方法选择对象时，按住鼠标左键自左向右拖出矩形窗口，框住需要选择的对象，此时绘图区将出现一个实线且内部蓝色的矩形方框，如图 3-3 所示。包含在选框内的图形对象被选中，与选框相交的图形对象不会被选中，如图 3-4 所示。

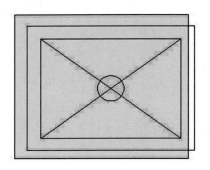

图 3-3 蓝色选择窗口

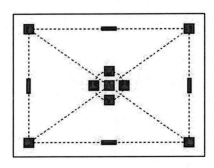

图 3-4 窗口选择结果

3.1.3 窗交选择

窗交选择与窗口选择方式类似，区别在于，对象的选择方向正好与窗口选择相反，它是按住鼠标左键自右向左拖动，拉出虚线的矩形窗口，选框内颜色为绿色，如图 3-5 所示。释放鼠标后，选框包含的对象和与方框相交的对象都将被选中，如图 3-6 所示。

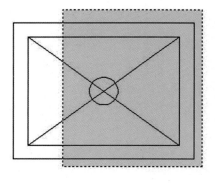

图 3-5 绿色选择窗口

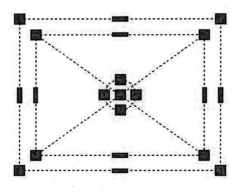

图 3-6 窗交选择结果

3.1.4 栏 选

在屏幕上单击鼠标左键，命令行中将出现提示命令：指定对角点或 [栏选（F）/ 圈围（WP）/ 圈交（CP）]，输入 F，可以快速用栏选对象方式。启用栏选命令后，当用户绘制一些直线时，这些直线显示为虚线，如图 3-7 所示，这些线不必构成封闭图形，且凡是与这些线相交的对象均被选中，如图 3-8 所示。

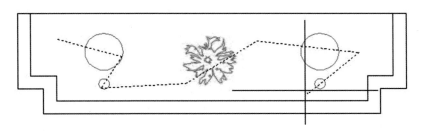

图 3-7 虚线选择栏

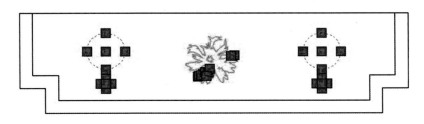

图 3-8 栏选结果

3.1.5 圈 选

圈选方法

圈选是使用一个不规则的多边形选择对象，与窗口选择方式类似，区别在于圈选可通过构造不规则多边形绕开不需要选择的图形，因此相比于矩形选框更灵活。

圈选分为圈围和圈交两种方式。在屏幕上单击鼠标左键，命令行中将出现"指定对角点或 [栏选（F）/ 圈围（WP）/ 圈交（CP）]"选择提示，输入 WP 或 CP，可以快速启用圈围或圈交选择方式。

3.1.6 全部选择

全部选择是快速选择绘图区内所有图形的一种方式。在键盘上按"Ctrl ＋ A"组合键，绘图区的全部对象将被选中。

3.2 删除和恢复类命令

这类命令主要用于图形对象的删除或对已经删除的对象进行恢复，包括删除、恢复、清除等命令。

3.2.1 删除图形

在绘图过程中，经常会出现图形绘制出错或者作图时的辅助线，此时可以通过"删除"命令，删除指定的图形对象。

执行"删除"命令的方法有以下几种。

（1）命令行：输入 ERASE/E。

（2）菜单栏：选择"修改"/"删除"命令，或选择"编辑"/"删除"命令。

（3）工具栏：单击"修改"工具栏中的"删除"按钮 ✍。

（4）功能区：在"默认"选项卡中，单击"修改"面板上的"删除"按钮 ✍。

（5）快捷菜单：选择要删除的对象，在绘图区右键，在弹出的快捷菜单中选择"删除"命令。

（6）快捷键：按 Delete 键。

操作中，可以先选择对象，再执行"删除"命令；也可以先调用"删除"命令，再选取对象，但按 Delete 键和快捷菜单方式除外。

【实例 3-1】 删除电视柜上的盆花。

本例运用"删除"命令进行操作，操作步骤如下。

① 单击"修改"面板上的"删除"按钮，命令行提示命令"ERASE 选择对象："。

② 当光标变成选择方框时，点取要删除的对象，命令行提示"选择对象：找到 1 个"，待删除的对象变虚，如图 3-13 所示。

③ 按下 Enter 键确认，电视柜上的盆花被删除，结果如图 3-14 所示。

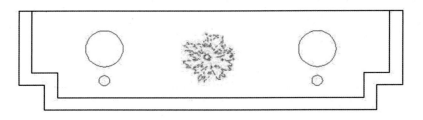

图 3-13 选择删除对象

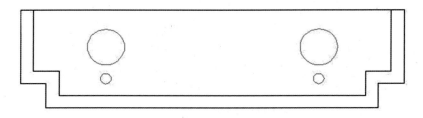

图 3-14 删除结果

3.2.2 恢复图形

在绘图过程中，若误删除了图形对象，可以使用"恢复"命令，使误删掉的图形恢复。

（1）命令行：输入 OOPS/U。

（2）工具栏：单击"标准"工具栏或者快速访问工具栏中的"放弃"按钮 ⟲。

（3）快捷键：按"Ctrl + Z"组合键。

误删图形后，执行上述任意操作均能恢复删除图形。

3.3 修整图形

使用绘图工具绘制的初步图形通常不符合用户要求，因此需要通过修剪、延伸、倒角等命令，对图形局部进行调整和完善。本节就来介绍这些修整编辑命令。

3.3.1 修剪图形

修剪是指将超出图形边界的多余部分修剪删除掉，其与橡皮擦的功能相似。橡皮擦是将整条线段删除掉，而修剪是修改直线、圆、圆弧、多段线、样条曲线、射线和填充图案等。

1. 执行"修剪"命令方式

（1）命令行：输入 TRIM/TR。
（2）菜单栏：选择"修改"/"修剪"命令。
（3）工具栏：单击"修改"工具栏中的"修剪"按钮 十。
（4）功能区：在"默认"选项卡中，单击"修改"面板上的"修剪"按钮 十。

执行上述任意一项操作，启用修剪工具。修剪图形时，需要设置修剪边界和修剪对象两类参数。需要剪切删除哪一部分，则在该区域上单击。

2. 操作步骤

命令：TR/ TRIM ✓

当前设置：投影 = UCS，边 = 无

选择剪切边 …

选择对象或 < 全部选择 >：选择要修剪对象的边界，按 Enter 键结束选择对象

选择要修剪的对象，或按住 Shift 键选择要延伸的对象，或 [栏选（F）/ 窗交（C）/ 投影（P）/ 边（E）/ 删除（R）/ 放弃（U）]：

3. 选项说明

（1）Shift 键：在选择对象时，按住 Shift 键，系统会自动将"修剪"命令转换为"延伸"命令。
（2）栏选（F）：执行修剪命令后，选择修剪边界，如图 3-15（a）所示，边界线亮起，输入 F 后，按栏选方式进行修剪，用鼠标左键拉出虚线与被修剪的部分相交，如图 3-15（b）所示，按 Enter 键确认修剪删除对象，修剪结果如图 3-15（c）所示。

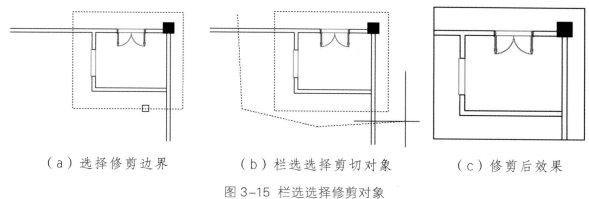

（a）选择修剪边界　　　（b）栏选选择剪切对象　　　（c）修剪后效果

图 3-15 栏选选择修剪对象

（3）窗交（C）：选择窗交选项时，系统将以窗交的方式选择被修剪对象。执行修剪命令后，选择修剪边界，如图 3-16（a）所示，边界线亮起，输入 C 后，点击鼠标左键拉出矩形选框，与被修剪的部分相交，如图 3-16（b）所示，按 Enter 键确认修剪删除对象，修剪结果如图 3-16（c）所示。

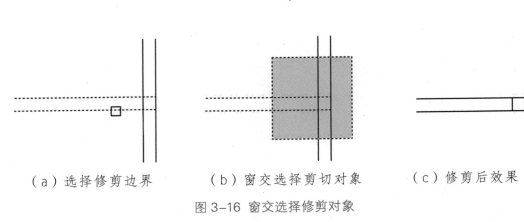

（a）选择修剪边界 　　　　（b）窗交选择剪切对象 　　　　（c）修剪后效果

图 3-16 窗交选择修剪对象

（4）边（E）：选择此项时，可以选择延伸和不延伸两种修剪方式。延伸（E）即对延伸边界进行修剪，如图 3-17 所示。不延伸（N）只修剪与剪切边相交的对象。

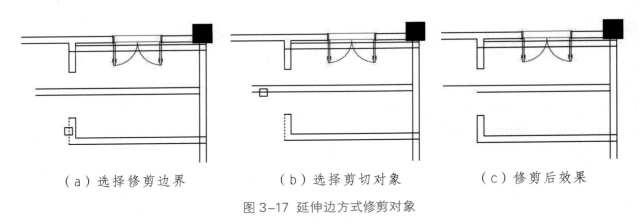

（a）选择修剪边界 　　　　（b）选择剪切对象 　　　　（c）修剪后效果

图 3-17 延伸边方式修剪对象

提示：在实际操作中，可直接在命令行输入 TR，并按两次 Enter 键，则选择所有对象作为可能的边界，直接点击或者框选要剪切的对象即可。

3.3.2 延伸图形

延伸是将要延伸的对象延伸到和边界相交，它和修剪是一组相对的操作，通常搭配使用。在延伸图形时，需要设置的参数有延伸边界和延伸对象两类。

1. 执行"延伸"命令方式

（1）使用命令行：输入 EXTEND 或 EX，并按 Enter 键。
（2）使用菜单栏：选择"修改"/"延伸"命令。
（3）使用工具栏：单击"修改"工具栏中的"延伸"按钮 --/。
（4）使用功能区：在"默认"选项卡中，单击"修改"面板中的"延伸"按钮 --/。

2. 操作步骤

命令：EXTEND ↙
当前设置：投影 = UCS，边 = 无
选择边界的边 …
选择对象或 < 全部选择 >：选择边界或按 Enter 键选择所有可能的边界对象

选择要延伸的对象，或按住 Shift 键选择要修剪的对象，或 [栏选（F）/ 窗交（C）/ 投影（P）/ 边（E）/ 放弃（U）]：

在执行"延伸"命令时，选择延伸对象时按 shift 键可以将该对象超过边界的部分修剪删除。延伸时，可以选择直线、构造线、多线段、样条曲线、圆类线等作为边界，当选取有宽度的多线段为边界时，会自动忽略宽度。以多线段为延伸对象时，若延伸对象为锥形，则系统会自动修正延伸的宽度，使起点到端点平滑。

提示：在实际操作中，可直接在命令行输入 EX，并按两次 Enter 键，则选择所有对象作为可能的边界，直接选取要延伸的对象即可。

【实例 3-2】 绘制椅子。

本例运用"偏移""分解""延伸""剪切""删除"等命令进行操作，操作步骤如下。

① 调用 REC（矩形）工具，绘制长 450、宽 300 的矩形；开启"对象捕捉"工具，调用 L（直线）工具，以矩形上边的中点为起点，绘制一条长度为 80 的直线；单击"绘图"菜单"圆弧"命令下的 3 点画弧，以矩形两个上顶点及长度为 80 直线的上顶点为圆弧的 3 个点，绘制结果如图 3-18 所示。

② 调用 O（偏移）命令，输入偏移距离 40，点击偏移对象（矩形和圆弧），点击偏移方向，向外偏移，偏移结果如图 3-19 所示。输入 X 并按 Enter 键，点击里面的矩形，将其分解。

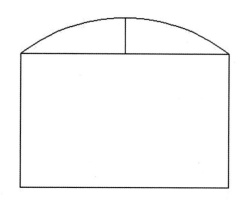

图 3-18 绘制椅子内部轮廓

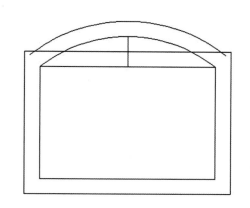

图 3-19 偏移出椅子外轮廓

③ 调用 EX（延伸）工具，将外弧和沙发下边线延长，延伸结果如图 3-20 所示。
④ 调用 TR（修剪）命令，将多余线进行修剪删除，整理结果如图 3-21 所示。

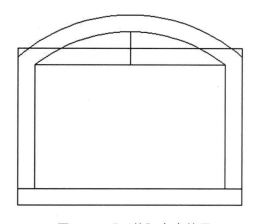

图 3-20 "延伸"命令使用

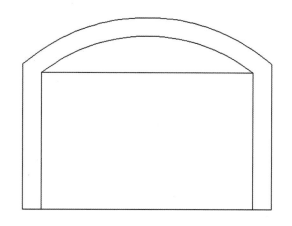

图 3-21 修剪整理图形

3.3.3 打断图形

1. 打 断

打断命令可以在两点之间打断选定的对象，使原本一个整体的线条分离成两段。

执行"打断"命令的方法有以下几种。

（1）使用命令行：输入 BREAK/BR。

（2）使用菜单栏：选择"修改"/"打断"命令。

（3）使用工具栏：单击"修改"工具栏中的"打断"按钮 。

（4）使用功能区：在"默认"选项卡中，单击"修改"面板中的"打断" 按钮 。

操作步骤：

命令：BREAK ↙

选择对象：选择要打断的对象

指定第二个打断点 或 [第一点（F）]：F ↙

指定第一个打断点：

指定第二个打断点：

执行打断命令后，操作流程如图 3-22 ~ 3-25 所示。

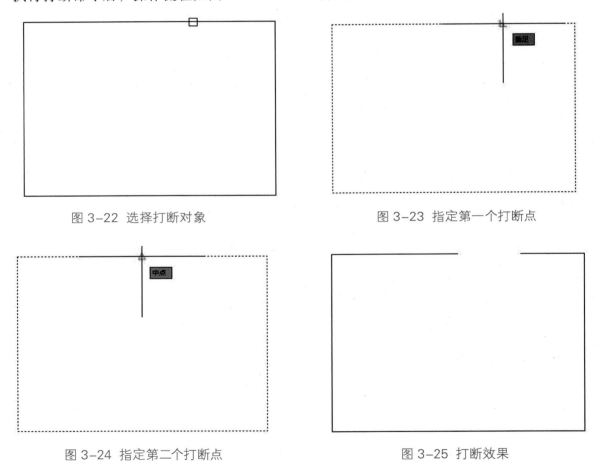

图 3-22 选择打断对象　　　　　　　　图 3-23 指定第一个打断点

图 3-24 指定第二个打断点　　　　　　图 3-25 打断效果

2. 打断于点

打断于点是指在对象上指定一个打断点，将对象在该点处断开。打断于点与打断相似，不同之处在于，打断对象之间没有间隙。

"打断于点"命令的执行方式如下。

（1）使用命令行：输入 BREAK/BR。

（2）使用工具栏：单击"修改"工具栏中的"打断于点"按钮。

（3）使用功能区：在"默认"选项卡中，单击"修改"面板中的"打断于点"按钮。

执行上述命令后，输入打断对象和第一个打断点两个参数，即可完成"打断于点"命令。

操作步骤：

命令：BR ✓

选择对象：选择要打断的对象。

指定第二个打断点或 [第一点（F）]：F ✓

指定第一个打断点：选择要打断的点，如图 3-26 所示。

指定第二个打断点：@ ✓

在工具栏单击"打断于点"命令按钮，系统提示选择对象，选择对象后，系统自动执行"第一点（F）"选项。选择打断点后按 Enter 键，系统自动忽略指定第二点命令。打断之后线变成两段，如图 3-27 所示。

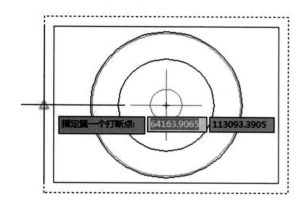

图 3-26 指定第一个打断点

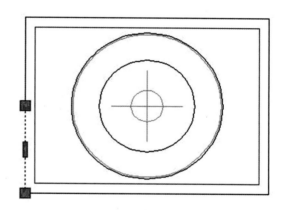

图 3-27 打断于点结果

3.3.4 合并图形

合并是将直线、圆弧、椭圆弧、多段线等独立的图形合并成一个整体。

1."合并"命令执行方式

（1）使用命令行：输入 JOIN/J。

（2）使用菜单栏：选择"修改"/"合并"命令。

（3）使用工具栏：单击"修改"工具栏中的"合并"按钮。

（4）使用功能区：在"默认"选项卡中，单击"修改"面板中的"合并"按钮。

2. 操作步骤

命令：JOIN ✓

选择源对象或要一次合并的多个对象：找到 1 个

选择要合并的对象：找到 1 个，总计 2 个

选择要合并的对象：✓

2 条线段已合并为 1 条多段线

合并图形操作流程如图 3-28 所示。

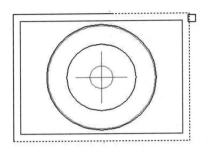
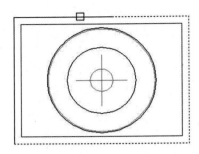
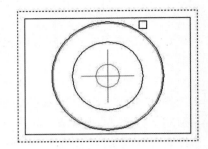

（a）选择源对象　　　　（b）选择要合并的对象　　　（c）合并结果

图 3-28 合并对象

3.3.5 倒角图形

倒角是指使用斜线连接两条不平行的直线或多段线等对象。

"倒角"命令执行方式如下。

（1）使用命令行：输入 CHAMFER/CHA。

（2）使用菜单栏：选择"修改"/"倒角"命令。

（3）使用工具栏：单击"修改"工具栏中的"倒角"按钮 ⟁。

（4）使用功能区：在"默认"选项卡中，单击"修改"面板中的"合并"按钮 ⟁。

【实例 3-3】 绘制洗菜盆。

本例运用"倒角"命令绘制洗菜盆内轮廓，操作步骤如下。

① 调用 REC（矩形）命令绘制洗菜盆外轮廓，再运用直线、圆、修剪命令等进行水龙头绘制，绘图尺寸如图 3-29 所示。

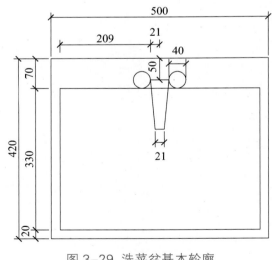

图 3-29 洗菜盆基本轮廓　　　　　　　　　　　　　　命令操作

② 进行内部轮廓倒角操作，调用 CHA（倒角）命令，设置 4 个角，每个角的两个倒角距离均为 50。

③ 倒角结果如图 3-30 所示。

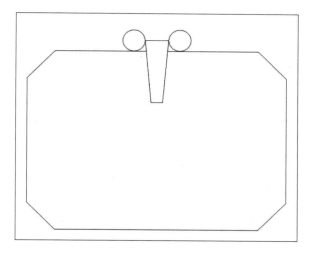

图 3-30 倒角结果

3.3.6 圆角图形

圆角是用指定半径的圆弧平滑地连接两个对象。

执行"圆角"命令方式如下。

（1）使用命令行：输入 FILLET/F。

（2）使用菜单栏：选择"修改"/"圆角"命令。

（3）使用工具栏：单击"修改"工具栏中的"圆角"按钮。

（4）使用功能区：在"默认"选项卡中，单击"修改"面板中的"圆角"按钮。

"圆角"命令操作可分为两个步骤，首先确定圆角半径大小，然后选择需要倒圆角的两个边。下面通过具体的实例讲解圆角图形的绘制方法。

【实例 3-4】 绘制沙发。

本例运用"矩形""修剪""圆角"命令绘制沙发，操作步骤如下。

① 调用 REC（矩形）命令绘制沙发外轮廓，绘制矩形圆角为 10，起点坐标（100，100），矩形长宽分别为 140 和 100，矩形确定方向为右下方。绘制结果如图 3-31 所示。命令行提示如下。

命令：REC ✓

指定第一个角点或 [倒角（C）/ 标高（E）/ 圆角（F）/ 厚度（T）/ 宽度（W）]：F ✓

指定矩形的圆角半径 <0.0000>：10 ✓

指定第一个角点或 [倒角（C）/ 标高（E）/ 圆角（F）/ 厚度（T）/ 宽度（W）]：100，100 ✓

指定另一个角点或 [面积（A）/ 尺寸（D）/ 旋转（R）]：D ✓

指定矩形的长度 <10.0000>：140 ✓

指定矩形的宽度 <10.0000>：100 ✓

指定另一个角点或 [面积（A）/ 尺寸（D）/ 旋转（R）]：✓

② 继续绘制圆角矩形，圆角半径为 6，起点坐标（120，80），长宽尺寸分别为 100 和 80，绘制方向仍为右下方，绘制结果如图 3-32 所示。

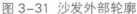

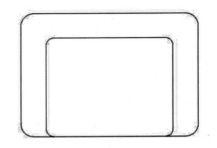

图 3-31 沙发外部轮廓　　　　　　　　　　图 3-32 沙发初步轮廓

③ 调用 BR（打断）命令，将矩形重合部分分别打断，打断结果如图 3-33 所示。命令行提示操作如下。

命令：FILLET ✓

当前设置：模式 = 修剪，半径 = 0.0000

选择第一个对象或 [放弃（U）/ 多段线（P）/ 半径（R）/ 修剪（T）/ 多个（M）]：R ✓

指定圆角半径 <0.0000>：6 ✓

选择第一个对象或 [放弃（U）/ 多段线（P）/ 半径（R）/ 修剪（T）/ 多个（M）]：

选择第二个对象，或按住 Shift 键选择对象以应用角点或 [半径（R）]：

命令：FILLET ✓

当前设置：模式 = 修剪，半径 = 6.0000

选择第一个对象或 [放弃（U）/ 多段线（P）/ 半径（R）/ 修剪（T）/ 多个（M）]：R ✓

指定圆角半径 <6.0000>：✓

选择第一个对象或 [放弃（U）/ 多段线（P）/ 半径（R）/ 修剪（T）/ 多个（M）]：

选择第二个对象，或按住 Shift 键选择对象以应用角点或 [半径（R）]：

④ 调用 L（直线）命令，将沙发左下点和右下点连接，绘制结果如图 3-34 所示。

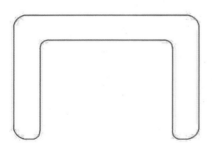

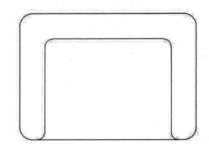

图 3-33 沙发倒圆角　　　　　　　　　　图 3-34 沙发下边线

⑤ 调用 A（圆弧）命令，进行沙发褶皱的处理，绘制结果如图 3-35 所示。

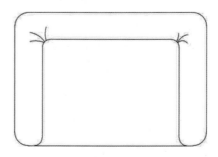

图 3-35 沙发绘制完成效果

3.4　复制图形

在室内设计中往往有很多相同的元素，它们只是位置不同。这些元素通常是使用 AutoCAD 中复制类命令绘制而成的，包括复制、镜像、偏移和阵列，通过这些命令可快速创建相同对象。

3.4.1 "复制"命令

复制是将指定对象按原大小、方向，重新生成一个或多个图形。

1. 执行"复制"命令的方法

（1）命令行：输入 COPY 或 CO 或 CP，并按 Enter 键。
（2）菜单栏：选择"修改"/"复制"命令。
（3）工具栏：单击"修改"工具栏中的"复制"按钮。
（4）功能区：在"默认"选项卡中，单击"修改"面板中的"复制"按钮。

2. 操作步骤

命令：COPY ✓
选择对象：指定对角点：找到 9 个
当前设置：复制模式 = 多个
指定基点或 [位移（D）/ 模式（O）]< 位移 >：
指定第二个点或 [阵列（A）]< 使用第一个点作为位移 >：
指定第二个点或 [阵列（A）/ 退出（E）/ 放弃（U）]< 退出 >：
在复制图形的过程中，需要确定复制对象、基点和目标点。

【实例 3-5】　复制沙发图形。
① 调用 CO（复制）命令，创建两个复制图形。
② 完成复制操作的结果如图 3-36 所示。

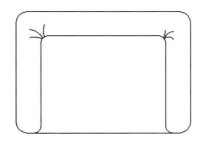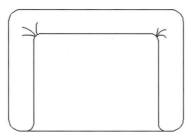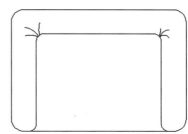

图 3-36　复制图形

3.4.2 "镜像"命令

镜像是一个特殊的复制命令，是把选择对象通过镜像线为对称轴生成的图形。镜像操作后可删除或保留源对象，且对象与源对象相对于镜像线呈轴对称关系。

1. 执行"镜像"命令的方法

（1）命令行：输入 MIRROR 或 MI。

（2）菜单栏：选择"修改"/"镜像"命令。

（3）工具栏：单击"修改"工具栏中的"镜像"按钮 。

（4）功能区：在"默认"选项卡中，单击"修改"面板中的"镜像"按钮 。

2. 操作步骤

命令：MIRROR ✓

选择对象：指定对角点：找到9个（见图3-37）

选择对象：指定镜像线的第一点：指定镜像线的第二点：（见图3-38）

要删除源对象吗？［是（Y）/否（N）]<N>：N ✓

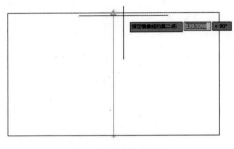

图 3-37 选择镜像对象　　　　　　图 3-38 指定镜像线

执行上述操作后，完成镜像，且保留源对象，镜像结果如图3-39所示。

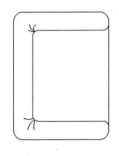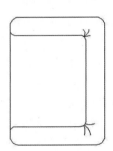

图 3-39 镜像效果

3.4.3 "偏移"命令

偏移是指保证对象的形状不变，在不同的位置以不同的尺寸新建对象。可以进行偏移的图形对象有直线、曲线、多边形、圆、圆弧等。

1. 执行"偏移"命令的方法

（1）命令行：输入 OFFSET 或 O。

（2）菜单栏：选择"修改"/"偏移"命令。

（3）工具栏：单击"修改"工具栏中的"偏移"按钮 。

（4）功能区：在"默认"选项卡中，单击"修改"面板中的"偏移"按钮 。

2. 操作步骤

命令：OFFSET ✓

当前设置：删除源 = 否　图层 = 源　OFFSETGAPTYPE = 0

指定偏移距离或［通过（T）/删除（E）/图层（L）]< 通过 >：指定偏移距离或选择其他选项

选择要偏移的对象，或 [退出（E）/放弃（U）]< 退出 >：

指定要偏移的那一侧上的点，或 [退出（E）/多个（M）/放弃（U）]< 退出 >：指定偏移方向

选择要偏移的对象，或 [退出（E）/放弃（U）]< 退出 >：

3. 选项说明

（1）通过（T）：指定偏移对象的通过点。选择该项后，命令行提示如下。

命令：O ✓

当前设置：删除源 = 否　图层 = 源　OFFSETGAPTYPE = 0

指定偏移距离或 [通过（T）/删除（E）/图层（L）]<3.0000>：T ✓

选择要偏移的对象，或 [退出（E）/放弃（U）]< 退出 >：

指定通过点或 [退出（E）/多个（M）/放弃（U）]< 退出 >：

选择要偏移的对象，或 [退出（E）/放弃（U）]< 退出 >：

操作过程如图 3-40 所示。

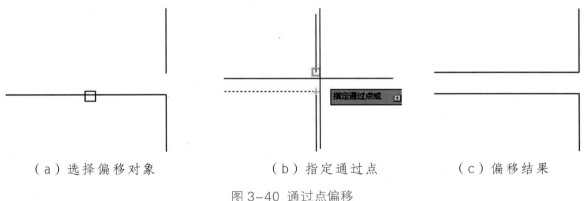

（a）选择偏移对象　　　　　　（b）指定通过点　　　　　　（c）偏移结果

图 3-40　通过点偏移

（2）删除（E）：偏移后将源对象删除。

（3）图层（L）：确定将偏移对象创建在当前图层上还是在源对象图层上。

【实例 3-6】　绘制足球场跑道。

① 调用 PL（多段线）命令，绘制足球场跑道外轮廓。命令行输入 PL 并按 Enter 键，指定起点，输入直线段长度 84 390（F8 正交打开），并按 Enter 键确认；输入 A，并按 Enter 键确认，指定圆弧长度 92 520。命令行输入 L 并按 Enter 键，输入直线段长度 84 390，并按 Enter 键确认；输入 A，并按 Enter 键确认，指定圆弧长度 92 520。最后，按 Enter 键结束命令，绘制结果如图 3-41 所示。

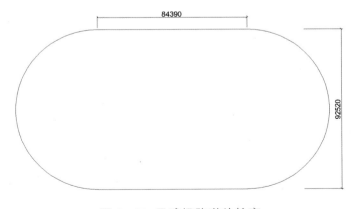

图 3-41　足球场跑道外轮廓

② 调用 O（偏移）命令，选择跑道外轮廓，指定偏移距离 1220，偏移方向向内，操作 8 次，绘制结果如图 3-42 所示。

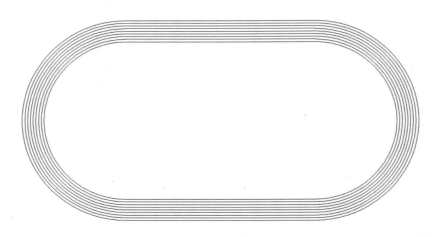

图 3-42 偏移结果

3.4.4 "阵列"命令

阵列可以一次性复制多个选择对象。阵列又分为矩形阵列、路径阵列和极轴（环形）阵列 3 种。

1. 矩形阵列

矩形阵列就是将图形成行成列地复制，如建筑立面图的窗子等。"矩形阵列"命令执行方式如下。

（1）命令行：输入 ARRAYRECT 或 AR。

（2）菜单栏：选择"修改"/"阵列"/"矩形阵列"命令。

（3）工具栏：单击"修改"工具栏中的"矩形阵列"按钮 。

（4）功能区：在"默认"选项卡中，单击"修改"面板中的"矩形阵列"按钮 。

执行上述操作后，命令行提示如下。

命令：ARRAY↙

选择对象：指定对角点：找到 6 个

选择对象：输入阵列类型 [矩形（R）/ 路径（PA）/ 极轴（PO）]< 矩形 >：

类型 = 矩形 关联 = 是

选择夹点以编辑阵列或 [关联（AS）/ 基点（B）/ 计数（COU）/ 间距（S）/ 列数（COL）/ 行数（R）/ 层数（L）/ 退出（X）]< 退出 >：COU↙

输入列数数或 [表达式（E）]<4>：4↙

输入行数数或 [表达式（E）]<3>：4↙

选择夹点以编辑阵列或 [关联（AS）/ 基点（B）/ 计数（COU）/ 间距（S）/ 列数（COL）/ 行数（R）/ 层数（L）/ 退出（X）]< 退出 >：S↙

指定列之间的距离或 [单位单元（U）]<135.0000>：90↙

指定行之间的距离 <135.0000>：90↙

选择夹点以编辑阵列或 [关联（AS）/ 基点（B）/ 计数（COU）/ 间距（S）/ 列数（COL）/ 行数（R）/ 层数（L）/ 退出（X）]< 退出 >：↙

上述操作过程如图 3-43 所示。

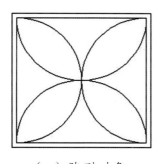 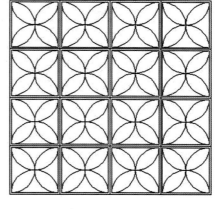

（a）阵列对象　　　　　　　　　　　（b）阵列结果

图 3-43 矩形阵列

2. 路径阵列

路径阵列是沿着指定的路径进行图形的复制，命令执行方式如下。

（1）命令行：输入 ARRAYPATH 或 AR。

（2）菜单栏：选择"修改"/"阵列"/"路径阵列"命令。

（3）工具栏：单击"修改"工具栏中的"路径阵列"按钮 ⚏。

（4）功能区：在"默认"选项卡中，单击"修改"面板中的"路径阵列"按钮 ⚏。

执行上述任意命令，开启路径阵列操作，命令行提示如下。

命令：_arraypath ↙

选择对象：找到 1 个

类型 = 路径　关联 = 是

选择路径曲线：

选择夹点以编辑阵列或 [关联（AS）/ 方法（M）/ 基点（B）/ 切向（T）/ 项目（I）/ 行（R）/ 层（L）/ 对齐项目（A）/Z 方向（Z）/ 退出（X）]< 退出 >：I ↙

指定沿路径的项目之间的距离或 [表达式（E）]<197.0051>：200 ↙

最大项目数 = 5 ↙

指定项目数或 [填写完整路径（F）/ 表达式（E）]<5>：5 ↙

选择夹点以编辑阵列或 [关联（AS）/ 方法（M）/ 基点（B）/ 切向（T）/ 项目（I）/ 行（R）/ 层（L）/ 对齐项目（A）/Z 方向（Z）/ 退出（X）]< 退出 >：↙

路径阵列需要设置的参数有阵列对象、路径、项目数量和距离等。操作结果如图 3-44 所示。

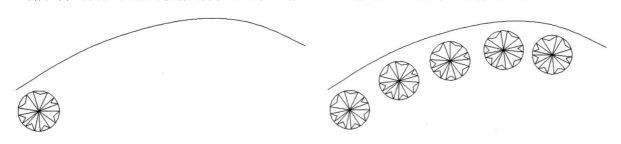

（a）阵列对象　　　　　　　　　　　（b）阵列结果

图 3-44 路径阵列

3. 环形阵列

环形阵列是绕着一个中心点进行图形的复制，执行"环形阵列"命令的方式如下。

（1）命令行：输入 ARRAYPOLAR 或 AR。

（2）菜单栏：选择"修改"/"阵列"/"环形阵列"命令。

（3）工具栏：单击"修改"工具栏中的"环形阵列"按钮。

（4）功能区：在"默认"选项卡中，单击"修改"面板中的"环形阵列"按钮。

执行上述任意一项操作后，命令行提示如下。

命令：_arraypolar ↙

选择对象：找到 1 个

选择对象：找到 1 个，总计 2 个

选择对象：找到 1 个，总计 3 个

类型 = 极轴　关联 = 是

指定阵列的中心点或 [基点（B）/ 旋转轴（A）]：

选择夹点以编辑阵列或 [关联（AS）/ 基点（B）/ 项目（I）/ 项目间角度（A）/ 填充角度（F）/ 行（ROW）/ 层（L）/ 旋转项目（ROT）/ 退出（X）]< 退出 >：↙

按照上述操作步骤，绘图结果如图 3-45 所示。

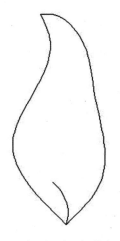　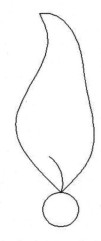　

（a）阵列对象　　　（b）指定圆心为中心点　　　（c）阵列结果

图 3-45 极轴（环形）阵列

【实例 3-7】　绘制餐厅桌椅布置图。

① 调用 REC（矩形）命令，绘制餐厅外轮廓，尺寸大小为 100×100。调用 O 命令，将矩形向内偏移，偏移距离为 2。在餐厅内轮廓矩形的内角处绘制一尺寸大小 8×8 的矩形，并用填充命令填充 SOLD 图案。将绘制好的柱子复制到其他各个内角处，餐厅轮廓绘制结果如图 3-46 所示。

② 绘制圆桌凳。调用 C（圆）命令绘制圆桌，绘制半径为 5 的圆，向内偏移 0.1 的距离；调用 REC（矩形）命令绘制坐凳，绘制倒圆角矩形，圆角半径为 1，矩形尺寸为 3×3；调用 O（偏移）命令，将圆角矩形向内偏移 0.1 的距离。绘制效果如图 3-47 所示。

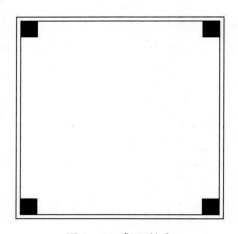

图 3-46 餐厅轮廓

③ 调用环形阵列命令，将圆凳绕圆桌的圆心环形阵列 6 个，绘制效果如图 3-48 所示。

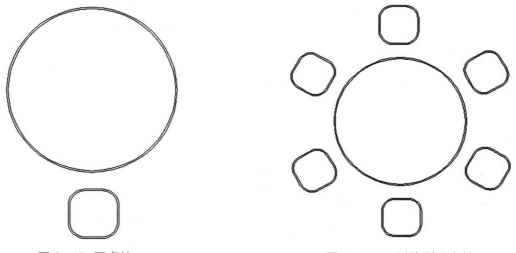

图 3-47 圆桌椅　　　　　　　　　　图 3-48 环形阵列圆桌椅

④ 调用矩形阵列命令，将环形阵列后的桌椅复制成 3 行 3 列，间距为（25，－25），绘制效果如图 3-49 所示。

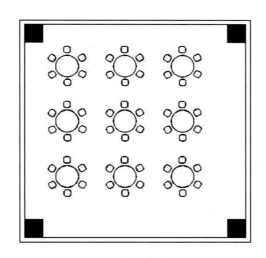

图 3-49 餐厅桌椅布置图

3.5 移动和变形

这一类命令的功能是按照指定的要求修改当前图形的大小和位置，主要包括移动、旋转、缩放和拉伸工具。

3.5.1 "移动"工具

移动命令主要用来改变图形的位置，但不改变图形的大小、形状和倾斜角度。

执行"移动"命令的方式如下。

（1）命令行：输入 MOVE 或 M。

（2）菜单栏：选择"修改"/"移动"命令。

（3）工具栏：单击"修改"工具栏中的"移动"按钮🔀。

（4）功能区：在"默认"选项卡中，单击"修改"面板中的"移动"按钮🔀。

在进行"移动"操作时，设置图形对象、基点、移动起点和终点参数，就可以将图形对象从基点的起点位置平移到终点位置。

执行上述任意一项操作后，命令行提示如下。

命令：M✓

找到 1 个

指定基点或 [位移（D）]< 位移 >：

指定第二个点或 < 使用第一个点作为位移 >：

【实例3-8】 移动盆栽。

本例运用移动工具，将如图 3-50（a）所示的盆栽移到如图 3-50（b）所示的位置。

（a）   （b）

图 3-50 移动流程图

① 调用 M（移动）命令，选择需要移动的盆栽，如图 3-51 所示。

② 指定基点，一般选择要移动对象的中心点、端点等有利点，如图 3-52 所示。

 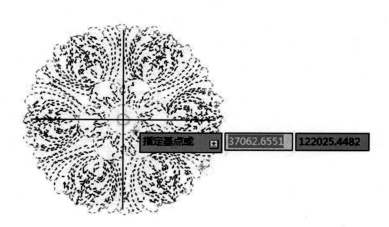

图 3-51 选择对象   图 3-52 指定基点

③ 指定移动的第二点，即中心点移动到的位置，如图 3-53 所示。

④ 移动后的效果如图 3-54 所示。

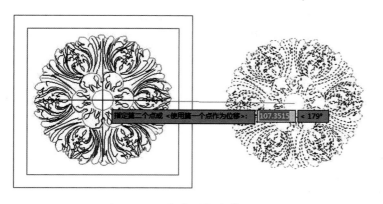

图 3-53 移动到指定位置　　　　　　　　　图 3-54 移动图形效果

3.5.2 "旋转"工具

旋转命令可以绕基点将图形按照指定的角度旋转。

1. 执行"旋转"命令的方式

（1）命令行：输入 OTATE 或 RO。
（2）菜单栏：选择"修改"/"旋转"命令。
（3）工具栏：单击"修改"工具栏中的"旋转"按钮 。
（4）功能区：在"默认"选项卡中，单击"修改"面板中的"旋转"按钮 。
　　在执行旋转操作时，命令行提示需要确定旋转对象、旋转基点和旋转角度等参数。旋转角度时，逆时针为正值，顺时针为负值。

2. 操作步骤

命令行：ROTATE ✓
UCS 当前的正角方向：ANGDIR = 逆时针　ANGBASE = 0
找到 9 个
指定基点：
指定旋转角度，或 [复制（C）/ 参照（R）]<0>：90 ✓
执行上述操作后，旋转得到的效果如图 3-55 所示。

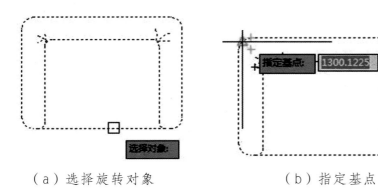

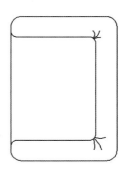

（a）选择旋转对象　　　　　（b）指定基点　　　　　（c）旋转角度

图 3-55 旋转对象

3. 选项说明

（1）复制（C）：选择该选项时，在旋转的同时保留源对象，如图3-56所示。

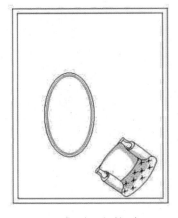
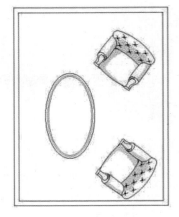

（a）旋转前　　　　　　　　　　　（b）旋转复制后

图3-56 旋转复制

（2）参照（R）：采用参照方式旋转就是将对象按照某个参照物的角度进行旋转。

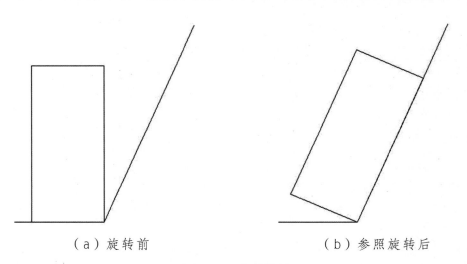

（a）旋转前　　　　　　　　　（b）参照旋转后

图3-57 参照旋转

上述绘制结果，操作步骤如下。

命令：ROTATE ↙

UCS 当前的正角方向：ANGDIR = 逆时针 ANGBASE = 0

选择对象：找到 1 个

选择对象：

指定基点：矩形右下角点

指定旋转角度，或 [复制（C）/ 参照（R）]<90>：r ↙

指定参照角 <270>：指定第二点：参照角默认角度为零，图 3-57 需要点击基点、矩形右上角点、斜坡上的点。

指定新角度或 [点（P）]<0>：

3.5.3 "缩放"工具

缩放工具主要是用来对指定图形进行放大和缩小，且不改变图形的方向和形状。

执行"缩放"命令的方法有以下几种。

（1）命令行：输入 SCALE 或 SC。

（2）菜单栏：选择"修改"/"缩放"命令。

（3）工具栏：单击"修改"工具栏中的"缩放"按钮 。

（4）功能区：在"默认"选项卡中，单击"修改"面板中的"缩放"按钮 。

在缩放操作过程中，需要确定缩放对象、缩放基点和比例因子。执行缩放命令时，命令行提示如下。

命令：SCALE ∠

选择对象：

指定基点：

指定比例因子或 [复制（C）/ 参照（R）]：

执行缩放后，缩放效果如图 3-58 所示。

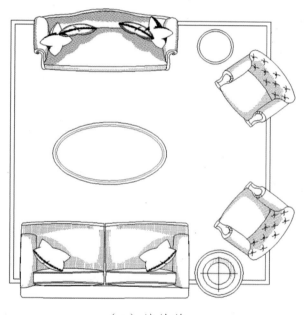
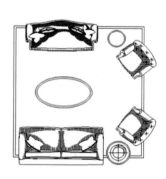

（a）缩放前　　　　　　　　（b）缩放比例因子0.5

图 3-58 缩放效果

3.5.4 "拉伸"工具

拉伸命令是通过移动图形夹点的位置，使图形产生拉伸变形的效果。其可以对选择的对象按规定方向和角度拉伸或压缩，从而使对象的形状发生改变。

执行"缩放"命令的方法有以下几种。

（1）命令行：输入 STRETCH 或 S。

（2）菜单栏：选择"修改"/"拉伸"命令。

（3）工具栏：单击"修改"工具栏中的"拉伸"按钮 。

（4）功能区：在"默认"选项卡中，单击"修改"面板中的"拉伸"按钮 。

在命令执行过程中，需要确定拉伸对象、拉伸基点的起点和拉伸的位移。

提示：如果将图形对象全部选中，则图形只能被平移，不能被拉伸。选择对象包含的夹点部分被选中，则选中的点将进行移动，并连带着与其相连的线将发生变形，导致图形被拉伸。

【实例3-8】 拉伸图形。

本例运用拉伸工具，将单人沙发拉伸成三人沙发。

① 调用【实例3-4】中绘制的沙发，执行S（拉伸）命令，选择沙发右侧为拉伸对象，如图3-59所示。

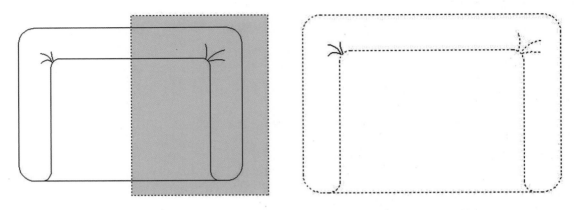

图3-59 选择拉伸对象及选后结果

② 命令行输入D并按Enter键，输入拉伸位移（160，0，0），拉伸效果如图3-60所示。

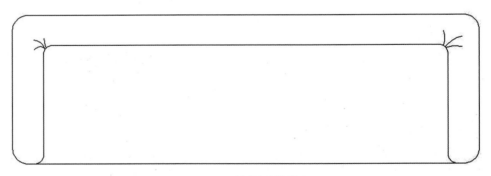

图3-60 拉伸后的效果

③ 调用L（直线）命令，绘制沙发接缝，如图3-61所示。

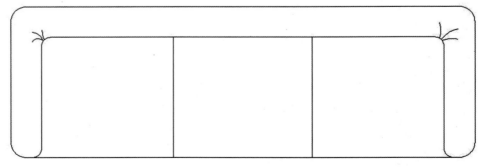

图3-61 三人沙发效果

4 创建并编辑块

导读

本章主要介绍 AutoCAD 的基础知识。通过本章的学习，能够快速认识 AutoCAD 中块命令的操作和属性，并能熟练进行使用；了解 AutoCAD 动态块的创建；掌握 AutoCAD 块在绘图中的应用。

学习要点

（1）了解和熟悉 AutoCAD 的块命令。

（2）掌握 AutoCAD 块的创建和编辑方法。

（3）掌握 AutoCAD 块属性和属性的编辑定义方法。

（4）了解 AutoCAD 动态块的创建方法。

4.1 创建块

在绘图时，图形中大量相似或相同的内容，或者所绘制的图形与已有图形文件相同，则可以把要重复绘制的图形创建成块，并根据需要为块创建属性。

4.1.1 创建块

创建块是把一个或一组实体定义为一个整体块。可以通过以下几种方式来创建块。

（1）单击"块"面板中的"创建块"按钮 。

（2）在命令输入行输入 block 后按 Enter 键。

（3）在命令输入行输入 bmake 后按 Enter 键。

（4）在菜单栏中选择"绘图"/"块"/"创建"菜单命令。

执行上述任意一种操作后，AutoCAD 会打开如图 4-1 所示的"块定义"对话框。

下面介绍此对话框中各个选项的主要功能。

1. 名 称

名称是指定块的名称，包括字母、数字、空格等 AutoCAD 没有用于其他用途的特殊字符。

图4-1 "块定义"对话框

2. 基 点

基点是指定块的插入点，默认值是（0，0，0）。

拾取点：用户可以通过单击此按钮暂时关闭对话框，以便能在当前图形中拾取插入基点，然后利用鼠标直接在绘图区选取。

3. 对 象

对象是指定新块中要包含的对象，以及创建块之后是保留或删除选定的对象，还是转换成块引用。

（1）选择对象：用户可以通过此按钮暂时关闭"块定义"对话框，这时用户可以在绘图区选择图形实体作为要定义的块实体。完成对象选择后，按 Enter 键重新显示块定义。

（2）快速选择：单击此按钮，将显示"快速选择"对话框，如图4-2所示。可以使用该对话框定义选择集。

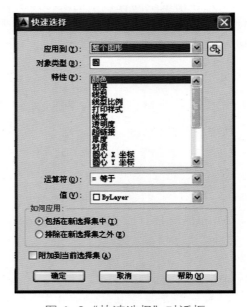

图4-2 "快速选择"对话框

（3）保留：创建块以后，将选定对象保留在图形中作为区别对象。

（4）转换为块：创建块以后，将选定对象转换成图形中的块引用。

（5）删除：创建块以后，从图形中删除选定对象。

（6）未选定对象：创建块以后，显示选定对象的数目。

4. 设 置

设置是指定块的设置。

（1）块单位：指定块参照插入单位。

（2）超链接：打开"插入超链接"对话框，如图 4-3 所示。可以使用该对话框将某个超链接与块定义相关联。

图 4-3 "插入超链接"对话框

5. 方 式

（1）注释性：指定块为 annotative，单击信息图标以了解有关注释性对象的更多信息。

（2）使块方向与布局匹配：指定在图纸空间视口中的块参照的方向与布局的方向匹配。如果未选择"注释性"选项，则该选项不可用。

（3）按统一比例缩放：指定是否阻止块参照不按统一比例缩放。

（4）允许分解：指定块参照是否可以被分解。

6. 说 明

说明是指定块的文字说明。

7. 在块编辑器中打开

启用此复选框后，单击"块定义"对话框中的"确定"按键，则在块编辑器中打开当前块定义。

提示：如果用户输入的是以前存在的块名，则 AutoCAD 会提示用户此块已经存在，用户是否需要重新定义它。

4.1.2 将块保存为文件

用户创建的块会保存在当前的图形文件中，但如果用户需要将所定义的块应用于另一个图形文件时，就需要先将定义的块保存，然后再调出使用。

使用 wblock 命令，块就会以独立的图形文件形式保存。执行保存块的具体操作步骤如下。

（1）在命令输入行输入 wblock 后，按 Enter 键。

（2）在打开的如图 4-4 所示的"写块"对话框中进行设置后，单击"确定"按钮即可。

图 4-4 "写块"对话框

"写块"对话框中的具体参数设置如下。

（1）"源"选项组中有 3 个选项供用户选择。

① 块：选择此项，用户可以通过后面的下拉列表框，选择将要保存的块名，或是直接输入将要保存的块名。

② 整个图形：选择此项，AutoCAD 会认为用户选择整个图形作为块来保存。

③ 对象：选择此项，用户可以选择一个图形实体作为块来保存。选择此项后，用户才可以进行下面的设置，如选择基点、选择实体等，这部分内容与前面定义的块的内容相同。

（2）"基点"和"对象"选项组中的选项主要应用通过基点或对象的方式来选择目标。

（3）目标：指定文件的新名称和新位置以及插入块时所用的测量单位。用户可以将此块保存至相应的文件夹中。可以在"文件名和路径"的下拉列表框中选择路径或单击 按钮来指定路径。

插入单位：用来指定从设计中心拖拽新文件，并将其作为块插入到使用不同单位图形中时，自动缩放所使用的单位值。如果用户希望插入时不自动缩放图形，则选择无单位。

注意：在执行 wblock 命令时，不必先定义一个块，只要直接将所选图形实体作为一个图块保存在磁盘上即可。

4.1.3 插入块

定义块和保存块的目的是为了使用块，使用插入命令将块插入当前图形中。

插入一个块到图形中时，用户必须指定插入的块名、插入点的位置、插入的比例系数以及图块的旋转角度。插入分两类：单块插入和多重插入。

1. 单块插入

（1）在命令输入行输入 insert 后，按 Enter 键；

（2）在菜单栏中选择"插入"/"块"菜单命令；

（3）单击"块"面板中的"插入块"按钮 。

2. 多重插入

执行上述任意操作后，打开如图4-5所示的"插入"对话框。

图4-5 "插入"对话框

"插入"对话框中的参数设置如下。

在"插入"对话框中，在"名称"后的文本框中输入块名，或单击文本后的"浏览"来浏览文件，然后从中选择块。

在"插入点"选项组中，当用户启用"在屏幕上指定"复选框时，插入点可以用鼠标动态选取；当用户取消启用"在屏幕上指定"复选框时，则可以在下面X、Y、Z后的文本框中输入用户所需的坐标值。

在"比例"选项中，当用户启用"在屏幕上指定"复选框时，则比例会在插入时动态缩放；当用户取消启用"在屏幕上指定"复选框时，则可以在下面X、Y、Z后的文本框中输入用户所需的比例值。在此处，如果用户启用"统一比例"复选框，则只能在X后的文本框中输入统一的比例因子表示缩放系数。

在"旋转"选项组中，当用户启用"在屏幕上指定"复选框时，则旋转角度在插入时确定。当用户取消启用"在屏幕上指定"复选框时，则可以在下面"角度"后的文本框中输入块的旋转角度。

在"块单位"选项组中，显示有块单位的信息。单位指定插入块的单位值。比例显示单位比例因子，该比例因子是根据块的单位值和图形单位计算的。

在"分解"复选框中，用户可以通过启用它分解块并插入该块的单独部分。设置完毕后，单击"确定"按钮，完成插入块的操作。

【实例4-1】 块的插入。

新建一个图形文件，插入块"同心圆"，插入点为（100，100），X、Y、Z方向的比例分别为2、1、1，旋转角度为60°。

（1）在命令输入行输入insert后，按Enter键。

（2）在打开的"插入"对话框中的"名称"后输入"圆"。

（3）取消启用"插入点"选项组中的"在屏幕上指定"复选框，然后在下面X、Y的文本框中分别输入"100"。

（4）取消启用"缩放比例"选项组中的"在屏幕上指定"复选框，然后在下面X、Y、Z的文本框中分别输入"2""1""1"。

（5）取消启用"旋转"选项组中的"在屏幕上指定"复选框，在下面"角度"文本框中输入"60"后，单击"确定"按钮，将块插入图中，插入后的图形如图4-6所示。

图4-6 插入后的图形

4.1.4 设置基点

要设置当前图形的插入基点，可以选用以下3种方法。

105

（1）单击"块"面板中的"设置基点"按钮。

（2）在菜单栏中选择"绘图"/"块"/"基点"菜单命令。

（3）在命令输入行输入 base 后，按 Enter 键。

4.3 动态块

4.2 块属性

动态块功能使用户可编辑图形外观而不需要炸开它们，用户可以在插入图形时或插入块后操作块实例。

4.3.1 动态块概述

动态块具有灵活性和智能性，其特点介绍如下。

（1）选择多种图形的可见性。

块定义可包含特别符号的多个外观形状。插入后，用户可选择使用哪种外观形状，如一个单个的块可保存水龙头的多个视图、多种安装尺寸，或多种阀的符号。

（2）使用多个不同的插入点。

在插入动态块时，可以编辑块的插入点来查找更适合的插入点插入，这样可以消除用户在插入块后要移动块。

（3）贴齐到图中的图形。

在用户将块移动到图中的其他图形附近时，块会自动贴齐到这些对象上。

（4）编辑图块几何图形。

指定动态块中的夹点可使用户移动、缩放、拉伸、旋转和翻转块中的部分几何图形。编辑块可以强迫在最大值和最小值间，指定或直接在定义好属性的固定列表中选择值。

4.3.2 创建动态块

用户可以使用块编辑器创建动态块。

块编辑器是专门用于创建块定义并添加动态行为的编写区域。块编辑器提供了专门的编写选项板。通过这些选项板可以快速访问块编写工具。除了块编写选项板之外，块编辑器还提供了绘图区域，用户可以根据需要在程序的主绘图区域中绘制和编辑几何图形。用户可以指定块编辑器绘图区域的背景颜色。选择"工具"/"块编辑器"菜单命令，打开"编辑块定义"对话框，如图 4-14 所示，指定块名称后单击"确定"按钮，打开"块编写选项板"面板，如图 4-15 所示。

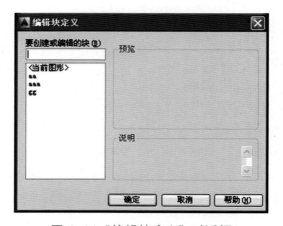

图 4-14 "编辑块定义"对话框

（a）参数

（b）动作

（c）参数集

（d）约束

图 4-15 "块编写选项板"面板

用户可以从头创建块，也可以向现有的块定义中添加动态行为，也可以像在绘图区域中一样创建几何图形。

创建动态块的步骤如下：

1. 在创建动态块之前规划动态块的内容

在创建动态块之前，应当了解其外观以及在图形中的使用方式。在命令输入行输入确定当操作动态块参照时，块中的哪些对象会更改或移动。另外，还要确定这些对象将如何更改。例如，用户可以创建一个可调整大小的动态块。另外，调整块参照的大小时，可能会显示其他几何图形。这些因素决定了添加到块定义中的参数和动作的类型，以及如何使参数、动作和几何图形共同作用。

2. 绘制几何图形

可以在绘图区域或块编辑器中绘制动态块中的几何图形，也可以使用图形中的现有几何图形或现有的块定义。

3. 了解块元素如何共同作用

在向块定义中添加参数和动作之前，应了解它们相互之间以及它们与块中的几何图形的相关性。在向块定义添加动作时，需要将动作与参数以及几何图形的选择集相关联。此操作将创建相关性。向动态块参照添加多个参数和动作时，需要设置正确的相关性，以便块参照在图形中正常动作。

4. 添加参数

按照命令输入行的提示，向动态块定义中添加适当的参数。

5. 添加动作

向动态块定义中添加适当的动作。按照命令输入行的提示进行操作，确保将动作与正确的参数和几何图形相关联。动作，表示在插入或编辑图块实例时怎样更改几何图形。

6. 定义动态块参照的操作方式

用户可以指定在图形中操作动态块参照的方式，可以通过自定义夹点和自定义特性来操作动态块参照。在创建动态块定义时，用户将定义显示哪些夹点以及如何通过这些夹点来编辑动态块参照。另外，还指定了是否在"特性"面板中显示出块的自定义特性，以及是否可以通过该选项板或自定义夹点来更改这些特性。

7. 保存块后在图形中进行测试

保存动态块定义并退出块编辑器，然后将动态块参照插入到一个图形中，并测试该块的功能。

5 尺寸标注与文字表格

导读

本章主要介绍 AutoCAD 的尺寸标注方法。通过本章的学习，能够熟练掌握 AutoCAD 尺寸标注方面的相关知识 。

学习要点

（1）了解和熟悉专业图纸尺寸标注的有关规定。

（2）掌握 AutoCAD 尺寸标注的基本方法。

（3）了解如何应用 AutoCAD 对个别不符合要求的尺寸进行修改和编辑。

5.1 室内标注的规定

《房屋建筑室内装饰装修制图统一标准》JGJ/T 244—2011 规定了尺寸标注的画法，简单介绍如下。

图形的尺寸标注，包括尺寸界线、尺寸线、尺寸起止符号和尺寸数字，如图 5-1 所示。

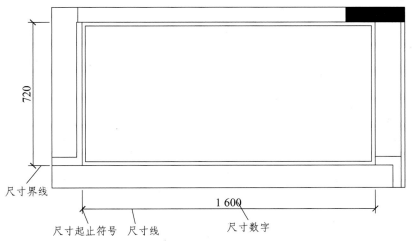

图 5-1 尺寸标注的组成

尺寸界线应用细实线绘制，一般应与备注长度垂直，其一端距图样轮廓线应不小于 2 mm，另一端宜超出尺寸线 2 ~ 3 mm。尺寸起止符号一般使用中粗斜短线来绘制，其倾斜方向应与尺寸界线成顺时针 45°角，长度宜为 2 ~ 3 mm。半径、直径、角度与弧长的尺寸起止符号，宜用箭头来表示。工程图样上标注的尺寸，除标高及总平面图以米（m）为单位外，其余尺寸一般以毫米（mm）为单位，图上的尺寸数字不再注写单位。假如使用其他单位，必须予以说明。另外，图样上的尺寸，应以所注尺寸数字为准，不得从图样上直接量取。

5.1.1 创建标注样式

标注样式的创建和编辑通常通过"标注样式管理器"对话框来完成。

（1）使用菜单栏：选择"格式"/"标注样式"或"标注"命令。

（2）使用工具栏：单击"样式"工具栏中的"标注样式"按钮。

（3）使用命令行：输入 DIMSTYLE 或 D，并按 Enter 键。

（4）使用功能区：单击"注释"选项卡中的"标注"面板右下角的按钮。

执行上述任意操作后，系统将弹出"标注样式管理器"对话框，如图 5-2 所示。利用此对话框可方便、直观地设置和浏览尺寸标注样式，包括建立新的标注样式、修改已存的样式、设置当前的尺寸标注样式、重命名样式以及删除一个已存在的样式等。

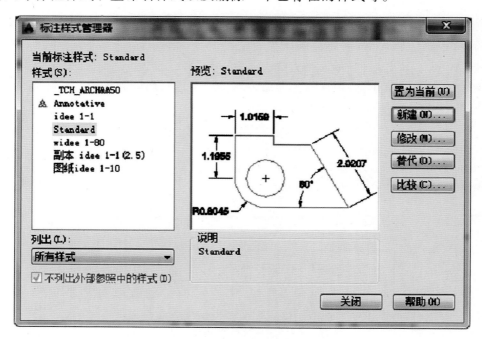

图 5-2 "标注样式管理器"对话框

（1）"样式"区域：用来显示已创建的尺寸样式列表，其中蓝色背景显示的是当前尺寸样式。

（2）"列出"下拉列表框：用来控制"样式"区域显示的是"所有样式"，还是"正在使用的样式"。

（3）"预览"区域：用来显示当前样式的预览效果。

（4）"置为当前"按钮：单击该按钮，可把在"样式"列表框中选中的样式设置为当前样式。

（5）"新建"按钮：定义一个新的尺寸标注样式。单击该按钮，将弹出"创建新标注样式"对话框，如图 5-3 所示。利用此对话框可创建一个新的尺寸标注样式。

创建新标注样式的方法如下：

（1）执行 D（标注样式）命令，打开如图 5-2 所示的"标注样式管理器"对话框。

（2）单击"新建"，系统将弹出如图 5-3 所示的"创建新标注样式"对话框，在新样式名中设置名称。

图 5-3 "创建新标注样式"对话框

（3）单击"继续"，弹出"新建标注样式：新标注样式"对话框，单击"确定"按钮，关闭对话框。

5.1.2 修改标注样式

在绘图的过程中，常常根据绘制图的实际情况对标注样式进行修改。修改完成后，创建中的所有尺寸标注对象都将自动修改。

修改标注样式的方法如下：

（1）选择"标注样式"/"新建标注样式"命令，单击"修改"按钮，弹出"修改标注样式：新标注样式"对话框。

（2）在"线"选项卡中，设置尺寸界线的参数，如图 5-4 所示。

（3）切换到"符号和箭头"选项卡，设置箭头的样式和大小等参数，结果如图 5-5 所示。

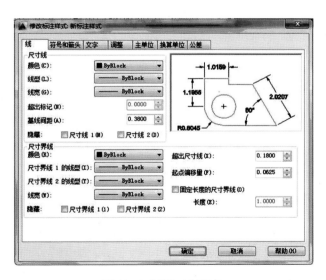
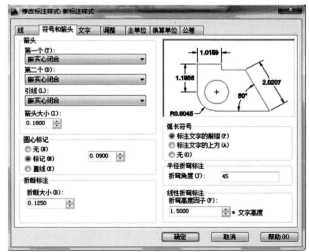

图 5-4 "线"选项卡　　　　　　　　　图 5-5 "符号和箭头"选项卡

（4）在"文字"选项卡中，设置文字的样式及其他参数，如图 5-6 所示。

（5）在"主单位"选项卡中，设置标注的精度参数，如图 5-7 所示。

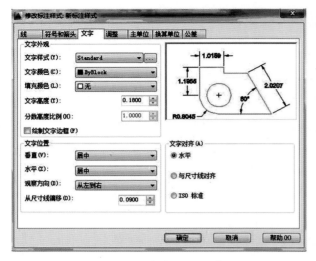

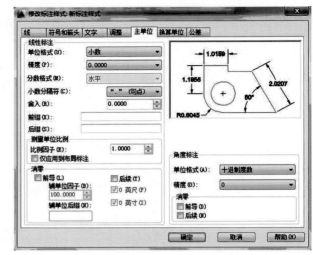

图 5-6 "文字"选项卡　　　　　　　　图 5-7 "主单位"选项卡

下面对"新建标注样式"对话框中的主要选项进行简要说明。

1. 线

"新建标注样式"对话框中的"线"选项卡用于设置尺寸线、尺寸界线的形式和特性。现分别进行说明。

（1）"尺寸线"选项组：用于设置尺寸线的特性。

（2）"尺寸界线"选项组：用于确定尺寸界线的形式。

（3）尺寸样式显示框：在"新建标注样式"对话框的右上方是一个尺寸样式显示框，该显示框以样例的形式显示用户设置的尺寸样式。

2. 符号和箭头

"新建标注样式"对话框中的"符号和箭头"选项卡如图 5-5 所示。该选项卡用于设置箭头、圆心标记、弧长符号和半径折弯标注的形式和特性。

（1）"箭头"选项组：用于设置尺寸箭头的形式。系统提供了多种形状，并列在"第一个"和"第二个"下拉列表中。另外，还允许采用用户自定义的形状。两个尺寸箭头可以采用相同的形式，也可以采用不同的形式。一般建筑制图中的箭头采用建筑标记样式。

（2）"圆心标记"选项组：用于设置半径标注、直径标注、中心标注中的中心标记和中心线。相应的尺寸量是 DIMCEN。

（3）"弧长符号"选项组：用于控制弧长标注中圆弧符号的显示。

（4）"折断标注"选项组：用于控制折断标注的间隙宽度。

（5）"半径折弯标注"选项组：用于控制半径折弯标注的显示。

（6）"线性折弯标注"选项组：用于控制线性折弯标注的显示。

3. 文　字

（1）"文字外观"选项组：用于设置文字的样式、颜色、填充颜色、高度、分数高度比例以及文字是否带边框。

（2）"文字位置"选项组：用于设置文字的位置是垂直还是水平，以及从尺寸偏移的距离。

（3）"文字对齐"选项组：用于控制尺寸文本排列的方向。当尺寸文本在尺寸界线之内时，与其对应的尺寸变量是 DIMTIH；当尺寸文本在尺寸界限之外时，与其对应的尺寸变量是 DIMTOH。

4. 主单位

线性标注区域中各项的含义如下：

（1）单位格式：设定除角度之外的所有标注类型的当前单位格式，堆叠分数中数字的相对大小由 DIMTFAC 系统变量确定（同样，公差数值也由此系统变量确定）。

（2）精度：用于显示和设定标注文字中的小数位数。

（3）分数格式：用于设定分数格式。

（4）小数分隔符：用于设定用于十进制格式的分隔符。

（5）舍入：为除"角度"之外的所有标注类型设置标注距离，并以"0.25"为单位进行舍入。如输入"1.0"，则所有标注距离都将舍入为最接近的整数。小数点后显示的位数取决于"精度"设置。

5.1.3 替代标注样式

"替代"按钮用来设置临时覆盖尺寸标注样式。单击该按钮，系统将弹出"替代当前样式"对话框。在此对话框中，用户可改变选项的设置，覆盖原来的设置，但这种修改只对指定的尺寸标注起作用，原标注样式不受影响。

替代标注样式应用方法如下：

（1）在命令行中输入 DIMSTYLE 命令，并按 Enter 键，打开"标注样式管理器"对话框，单击"替代"按钮。

（2）切换到"符号和箭头"选项，设置箭头的样式及大小，如图 5-8 所示。

（3）切换到"文字"选项卡，设置文字样式及高度值，如图 5-9 所示。

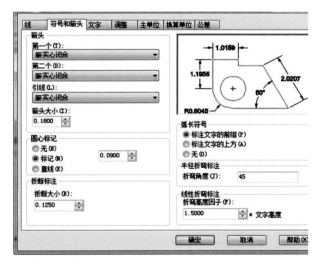

图 5-8 "符号和箭头"选项卡　　　　　　图 5-9 "文字"选项卡

5.2 标注图形尺寸

正确进行尺寸标注是绘图工作中非常重要的一个环节，AutoCAD 提供了方便、快捷的尺寸标注方法，可通过执行命令实现，也可利用菜单或工具按钮来实现。本节将重点介绍如何对各种类型的尺寸进行标注。

5.2.1 线性标注

"线性标注"命令用来创建水平或者垂直的线性标注。

1. 执行方式

（1）使用命令行：输入 DIMALINEAR（快捷命令为 DLI）。

（2）使用菜单栏：选择"标注"/"线性"命令。

（3）使用工具栏：选择"标注"/"线性"命令。

（4）使用功能区：在"注释"选项卡中，单击"标注"面板中的"线性"按钮。

执行上述操作后，命令行提示如下：

命令：_dimlinear

指定第一个尺寸界线原点或＜选择对象＞：

指定第二个尺寸界线原点：

指定尺寸线位置或

[多行文字（M）/ 文字（T）/ 角度（A）/ 水平（H）/ 垂直（V）/ 旋转（R）]：

标注结果如图 5-10 所示。

2. 命令行中各选项的含义

（1）多行文字（M）：选择该选项后，进入多行文字编辑模式。

（2）文字（T）：选择该选项后，以单行文字形式输入尺寸数字。

（3）角度（A）：设置标注文字的旋转角度。

（4）水平（H）：标注水平尺寸。

（5）垂直（V）：标注垂直尺寸。

（6）旋转（R）：旋转标注对象的尺寸线。

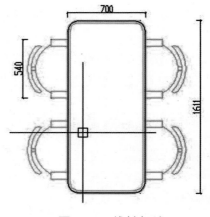

图 5-10 线性标注

5.2.2 对齐标注

1. 执行方式

（1）使用命令行：输入 DIMALIGNED/DAL。

（2）使用菜单栏：选择"标注"/"对齐"命令。

（3）使用工具栏：选择"标注"/"对齐"命令。

（4）使用功能区：在"注释"选项卡中，单击"标注"面板中的"对齐"按钮。

2. 操作步骤

执行上述操作后，命令行提示如下，绘图结果如图 5-11 所示。

命令：_dimaligned

指定第一个尺寸界线原点或＜选择对象＞：

指定第二个尺寸界线原点：

创建无关联的标注。

指定尺寸线位置或

[多行文字（M）/ 文字（T）/ 角度（A）]：

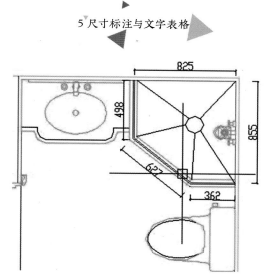

图 5-11 对齐标注

使用"对齐标注"命令标注的尺寸线与所标注的轮廓线平行，标注的是起始点到终点之间的距离。

5.2.3 基线标注

基线标注用于产生一系列基于同一条尺寸界线的尺寸标注，即以从某一点引出的尺寸界线作为第一条尺寸线，依次对多个对象尺寸标注。

在使用基线标注方式之前，应该先标注出一个相关的尺寸。

1. 命令执行方式

（1）输入命令行：输入 DIMBASELINE/DBA。

（2）使用菜单栏：选择"标注"/"基线"命令。

（3）使用工具栏：选择"标注"/"基线"命令。

（4）使用功能区：在"注释"选项卡中，单击"标注"面板中的"基线"按钮。

2. 操作步骤

执行上述操作之后，命令行中的提示如下：

命令：DIMBASELINE ↙

指定第二条尺寸界线原点或 [放弃（U）/ 选择（S）]< 选择 >：

选择基准标注：

3. 选项说明

（1）指定第二条延伸线原点：直接确定另一个尺寸的第二条尺寸界线的起点，以上次标注的尺寸为基准，标注出相应的尺寸。

（2）选择（S）：在上述提示下直接按 Enter 键，命令行中的提示与操作如下：

选择基准标注：选择作为基准的尺寸标注。

4. 基线标注具体操作

（1）执行 DLI 命令，绘制线性标注，绘图结果如图 5-12 所示。

（2）修改基线标注的间距，可以在"标注样式管理器"对话框中单击"修改"按钮，打开"修改标注样式"对话框，如图 5-13 所示。绘制基线标注的步骤如图 5-14 所示。

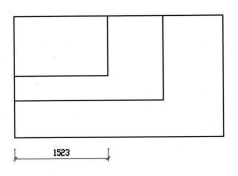

图 5-12 线性标注

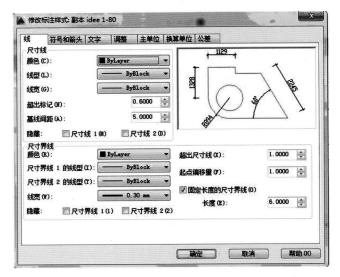

图 5-13 基线间距参数修改

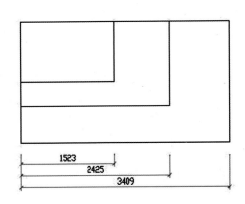

图 5-14 基线标注结果

5.2.4 连续标注

连续标注又叫尺寸链标注,用于产生一系列连续的尺寸标注,后一个尺寸标注均把前一个标注的第二条尺寸界线作为它的第一条尺寸界线,适用于长度尺寸标注、角度标注和坐标标注等。在使用连续标注方式之前,应该先标注出一个相关的尺寸。

1. 命令执行方式

(1)输入命令行:输入 DIMCONTINUE /DCO。
(2)使用菜单栏:选择"标注"/"连续"命令。
(3)使用工具栏:选择"标注"/"连续"命令。
(4)使用功能区:在"注释"选项卡中,单击"标注"面板中的"连续"按钮。

2. 操作步骤

执行上述操作后,命令行提示如下:
命令:DIMBASELINE ↙
指定第二条尺寸界线原点或 [放弃(U)/ 选择(S)]< 选择 >:
选择基准标注:

此提示下的各选项与基线标注中的选项完全相同，在此不再赘述，如图5-15所示。

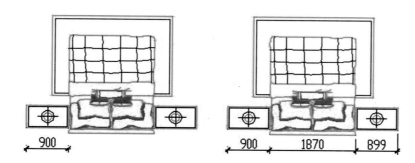

图 5-15 连续标注

5.2.5 多重引线标注

AutoCAD 提供了引线标注功能，利用该功能不仅可以标注特定的尺寸，如圆角、倒角等，还可以在图中添加多行旁注、说明。在引线标注中，指引线可以是折线，也可以是曲线；指引线端部可以有箭头，也可以没有箭头。

利用 QLEADER 命令可快速生成指引线及注释，还可以通过命令行优化对话框进行用户自定义，由此可以消除不必要的命令行提示，获得较高的工作效率。

1. 命令执行方式

（1）输入命令行：输入 MLEADER /MLD。
（2）使用菜单栏：选择"标注" / "多重引线"命令。
（3）使用工具栏：选择"标注" / "多重引线"命令。
（4）使用功能区：在"注释"选项卡中，单击"引线"面板中的"多重引线"按钮。

2. 操作步骤

执行上述操作后，命令行提示如下：

命令：MLEADER ∠

指定引线箭头的位置或 [引线基线优先（L） / 内容优先（C） / 选项（O）]< 选项 >：
指定引线基线的位置：
输入标注内容后，点击"文字格式"工具栏中的"确定"按钮，即完成多重引线标注。

5.2.6 角度标注

角度标注不仅可以标注两条呈一定角度的直线或 3 个点之间的夹角，还可以标注圆弧的圆心角。

1. 命令执行方式

（1）输入命令行：输入 DIMANGULARd/DAN。
（2）使用菜单栏：选择"标注" / "角度"命令。
（3）使用工具栏：选择"标注" / "角度"命令。
（4）使用功能区：在"注释"选项卡中，单击"标注"面板中的"角度"按钮。

2. 操作步骤

执行上述操作后，命令行提示如下：

命令：MLEADER✓

指定引线箭头的位置或 [引线基线优先（L）/ 内容优先（C）/ 选项（O）]< 选项 >：

指定标注弧线位置或 [多行文字（M）/ 文字（T）/ 角度（A）/ 象限点（Q）]：

操作结果如图 5-16 所示。

在命令行提示"指定标注弧线位置"输入 Q，可以在标注弧线上指定标注数字的位置，结果如图 5-17 所示。

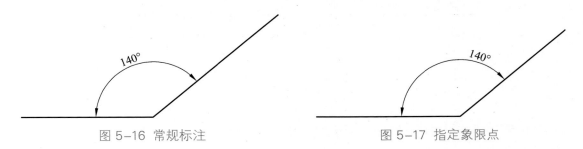

图 5-16 常规标注　　　　　　　　　　　　　　　图 5-17 指定象限点

5.2.7 半径 / 直径标注

调用"半径"命令，可以测量选定圆或圆弧的半径，并显示前面有半径符号的标注文字。

1. 执行"半径标注"命令的方法

（1）使用命令行：输入 DIMRADIUS/DRA。

（2）使用菜单栏：选择"标注"/"半径"命令。

（3）使用工具栏：选择"标注"/"半径"命令。

（4）使用功能区：单击"标注"面板中的"半径"工具按钮。

绘制半径标注的结果如图 5-18 所示。

2. 执行"直径标注"命令的方法

（1）使用命令行：输入 DIMDIAMETER/DDI。

（2）使用菜单栏：选择"标注"/"直径"命令。

（3）使用工具栏：选择"标注"/"直径"命令。

（4）使用功能区：单击"标注"面板中的"直径"工具按钮。

绘制直径标注的结果如图 5-19 所示。

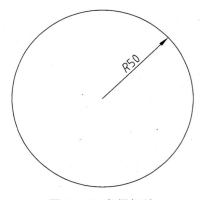
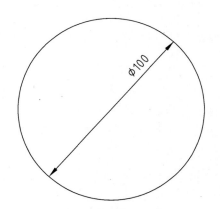

图 5-18 半径标注　　　　　　　　　　　　　　　图 5-19 直径标注

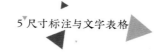

5.3 编辑标注

5.3.1 编辑标注文字

"编辑标注文字"命令可以改变尺寸文字的放置位置。

1. 命令执行方式

（1）使用命令行：输入 DIMTEDIT。
（2）使用工具栏：选择"标注"/"编辑标注文字"命令。

2. 操作步骤

执行上述操作后，命令行提示如下：

命令：DIMTEDIT✓

选择标注：

为标注文字指定新位置或 [左对齐（L）/ 右对齐（R）/ 居中（C）/ 默认（H）/ 角度（A）]：

5.3.2 编辑标注

"编辑标注"命令可以编辑标注文字或延伸线，包括旋转、修改或恢复标注文字，以及更改尺寸界线的倾斜角等。

1. 命令执行方式

（1）使用命令行：输入 DIMEDIT/DED。
（2）使用工具栏：单击"标注"/"编辑标注"命令按钮。

执行上述操作后，命令行提示如下：

命令：DIMEDIT✓

输入标注编辑类型 [默认（H）/ 新建（N）/ 旋转（R）/ 倾斜（O）]< 默认 >：✓

选择对象：

2. 操作说明

（1）编辑标注文本（dimedit）：运行命令后，选择要编辑的标注对象，可对文本进行修改（N 选项）、旋转（R 选项），也可倾斜尺寸界线（O 选项）。

（2）编辑文本位置（dimtedit）：运行命令后，选择要编辑的标注对象，可对文本的位置进行重新选择，设置其旋转角度。

（3）更新标注样式（dimstyleapply）：将对象的标注样式更新为新的标注样式。选择新的标注样式，运行命令后，选择要更改的对象，则对象以新标注样式进行标注。

5.3.3 绘制指北针和剖切符号

在建筑首层平面图中，应绘制指北针，以标明建筑方位。如果需要绘制建筑的剖面图，则应在首层平面图中，画出剖切符号，以标明剖面剖切位置。

下面将分别介绍平面图中指北针和剖切符号的绘制方法。

1. 绘制指北针

（1）在"图层"工具栏下，单击"图层特性管理器"按钮，打开"图层特性管理器"对话框。

（2）创建新图层，将新图层命名为"指北针与剖切符号"，并将其设置为当前图层，关闭对话框。

（3）使用"绘图"工具栏中的"圆"工具，绘制直径为 1 200 mm 的圆。

（4）使用"绘图"工具栏中的"直线"工具，绘制圆的垂直方向直径作为辅助线。

（5）使用"修改"工具和"偏移"工具，将辅助线分别向左、右移动 75 mm。

（6）使用"直线"工具，将线与圆下方交点同辅助线上端点连接起来；用"删除"工具删掉 3 条辅助线，得到如图 5-20 所示的等腰三角形。

（7）通过"绘图"/"多行文字"工具，设置文字高度为 500 mm，在等腰三角形上端点正上方书写大写的英文字母"N"，标示平面图的正北方向，如图 5-21 所示。

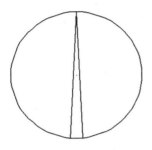

图 5-20 圆与三角形

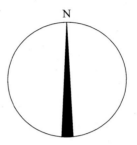

图 5-21 指北针

2. 绘制剖切符号

（1）使用 L（直线）命令，在平面图中绘制剖切面的定位线，并使该定位线两端伸出被剖切外墙面的距离均为 1 000 mm，如图 5-22 所示。

（2）在 L（直线）命令下，分别以剖切面定位线的两端点为起点，向剖面投影方向绘制剖视方向线，长度为 500 mm。

（3）使用 C（圆）工具，分别以定位线两端点为圆心，依次绘制两个半径为 700 mm 的圆。

（4）使用"修剪"工具，修剪两圆之间的投影线条，然后删除两圆，得到两条切位线。

（5）切位线和剖视方向线的线宽都设置为 0.30 mm。

（6）单击"绘图"/"多行文字"工具，设置文字高度为 300 mm。在平面图两侧剖视方向线的端部，书写剖面剖切符号的编号为"1"，完成首层平面图的绘制，最终完成效果如图 5-23 所示。

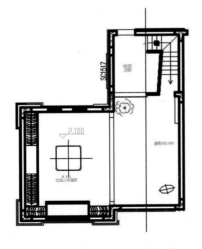

图 5-22 绘制剖切面定位线

图 5-23 绘制剖切符号

5.4 文字的使用

5.4.1 文字样式

在工程制图中，文字样式定义了文字的外观。通过"文字样式"对话框可以直观地设置文字的字体、高度、宽度比例、倾斜角度等，或对已有的文字样式进行修改。

1. 命令执行方式

（1）使用命令行：输入 STYLE/ST。

（2）使用菜单栏：选择"格式"/"文字样式"命令。

（3）使用工具栏：单击"文字"/"文字样式"或者"样式"/"文字样式"按钮 。

执行上述操作后，将弹出"文字样式"对话框，如图 5-24 所示。

图 5-24 "文字样式"对话框

2. 创建"文字样式"

（1）执行"文字样式"命令后，系统将弹出"文字样式"对话框，单击"新建"，弹出"新建文字样式"对话框，定义新名称，如图 5-25 所示。

图 5-25 "新建文字样式"对话框

（2）单击"确定"按钮，即可完成新文字样式的创建。

（3）单击"字体"选项组下"字体名"下拉菜单，选择所需的文字样式，如图 5-26 所示。

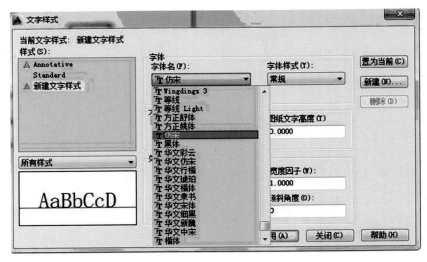

图 5-26 选择字体样式

（4）勾选"大小"选项组下的"注释性"和"使文字方向与布局匹配"选框，在图纸文字高度下设置文字高度，如图 5-27 所示。

（5）设置完成后，在该样式下选择"新建文字样式"，单击"置为当前"按钮，系统将弹出如图 5-28 所示的对话框，单击"关闭"按钮，即可完成文字样式的设置。

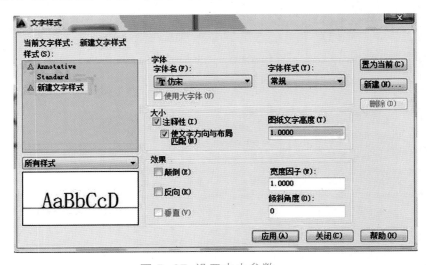

图 5-27 设置大小参数

图 5-28 提示对话框

5.4.2 单行文字

可以使用单行文字创建一行或多行文字，其中每行文字都是独立的对象，可对其进行重定位、调整格式，或进行其他修改。

1. 命令执行方式

（1）使用命令行：输入 DTEXT/TEXT/DT。

（2）使用菜单栏：选择"绘图"/"文字"/"单行文字"命令。

（3）使用工具栏：单击"文字"工具栏中的"单行文字"按钮。

（4）使用功能区：在"默认"选项卡中，单击"注释"面板中的"单行文字"按钮。

2. 操作方法

命令：_text

当前文字样式："新建文字样式" 文字高度：1.0000 注释性：是 对正：左

指定文字的起点或 [对正（J）/ 样式（S）]:

指定文字的旋转角度 <0>:

创建单行文字的过程如图 5-29 所示。

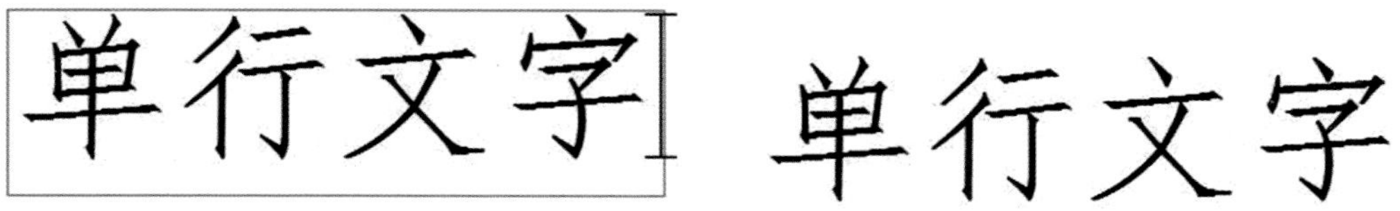

单行文字　　单行文字

图 5-29 单行文字创建

5.4.3 编辑单行文字

单行文字对象创建完成后可以对其进行编辑，如果需要修改文字的内容而无须修改文字对象的格式或特性，则使用"ddedit"。如果要修改内容、文字样式、位置、方向、大小和对正等其他特性，则使用"properties"。

1. 编辑单行文字方式

（1）使用命令行：输入 DDEDIT/ED。

（2）使用菜单栏：选择"修改"/"对象"/"文字"/"编辑"菜单命令。

（3）使用工具栏：单击"文字"/"编辑"按钮。

（4）双击：在绘制图区域中双击单行文字对象。

（5）鼠标右键：选择文字对象，在绘图区域中单击鼠标右键，然后在快捷菜单中选择"编辑"命令。

2. "PROPERTIES"菜单命令执行方式

（1）使用命令行：输入 PROPERTIES

（2）使用菜单栏：选择"修改"/"特性"菜单命令。

实际绘制图形时，需要标注一些特殊符号，如上划线、下划线、度数符号等，如表 5-1 所示。

表 5-1 AutoCAD 常用控制符号及功能

符　号	功　能
%%O	上划线
%%U	下划线
%%D	"度数"符号
%%C	"直径"符号
%%%	百分号
%%P	"正 / 负"符号

提示：其中 %%O 和 %%U 分别是上划线和下划线的开关，第一次出现此符号时，开始画上划线和下划线；第二次出现此符号时，上划线和下划线终止。

5.4.4 多行文字

1. 命令执行方式

（1）使用命令行：输入 MTEXT。
（2）使用菜单栏：选择"绘图"/"文字"/"多行文字"命令。
（3）使用工具栏：选择"绘图"/"多行文字"或者"文字"/"多行文字"命令。
（4）使用功能区：在"默认"选项卡中，单击"注释"面板中的"多行文字"按钮。

执行上述操作后，命令行提示如下：

命令：MTEXT ↙
当前文字样式："新建文字样式"　文字高度：1　注释性：是
指定第一角点：
指定对角点或[高度（H）/对正（J）/行距（L）/旋转（R）/样式（S）/宽度（W）/栏（C）]：

2. 选项说明

指定对角点：在工作区屏幕上拾取一个点作为矩形框的第二个角点，AutoCAD 将以这两个点为对角点形成一个矩形区域，其宽度作为将来要创建的多行文本的宽度，且第一个点又为第一行文本顶线的起点。

选好对角点后，系统将弹出如图 5-30 所示的多行文字编辑器，可利用此编辑器输入多行文本，并对其格式进行设置。

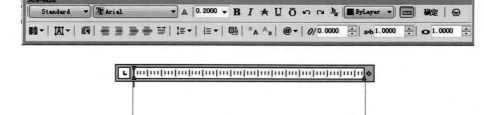

图 5-30　多行文字编辑器

多行文字创建结果如图 5-31 所示。

AtuoCAD 2014是
Atuodesk公司开
发，用于设计绘
图的一种软件。

图 5-31　多行文字

多行文字编辑的方法同单行文字，在此不再介绍。

5.5　使用表格绘制图形

6　室内设计制图规范

本章主要介绍室内制图中的图幅、图标及会签栏的尺寸、线型要求，以及常用图示标志、材料符号和绘图比例，为以后的识图和绘图做好充分准备。

（1）了解和熟悉常用制图纸的图面尺寸。
（2）掌握标题栏、会签栏的基本格式。
（3）掌握室内制图中常用的图示标志符号。

6.1　图幅、图标及会签栏

6.1.1　图　幅

图幅即图面的大小。根据国家相关规范，其等级是由图面的长和宽的大小确定的。室内设计常用的图幅有 A0（也称 0 号图幅，其余类推）、A1、A2、A3 及 A4，且每种图幅的长宽尺寸如表 6-1 所示。

表 6-1　图幅及图框标准　　　　　　　　　　　　　　mm

尺寸代号	图幅代号				
	A0	A1	A2	A3	A4
$B \times L$	841×1 189	594×841	420×594	297×420	210×297
C	10			5	
A	25				

6.1.2　图　标

图标即图纸的标题栏，包括设计单位名称、工程名称、签字区、图名区及图号区等内容，如图 6-1 所示。如今，不少设计单位采用个性化的图标格式，但仍必须包括这几项内容。

图 6-1 图标格式

6.1.3 会签栏

会签栏是为各工种负责人审核后签名用的表格，包括专业、姓名、日期等内容，具体内容可根据需要设置，如图 6-2 所示为其中一种格式。对于不需要会签的图样，可以不设此栏。

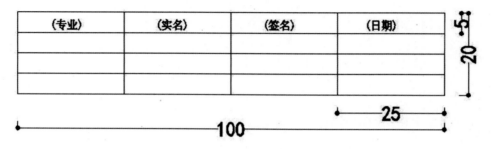

图 6-2 会签栏格式

6.2 线型要求

在 AutoCAD 中，可以通过"图层"中"线型""线宽"的设置来选定所需线型。其不同的对象和不同的部位，代表着不同的含义。为了图面能够清晰、准确、美观地表达设计思想，工程实践中采用了一套常用的线型要求使用规范，如表 6-2 所示。

6.3 尺寸标注

（1）尺寸标注应力求准确、清晰、美观大方。同一张图纸中，标注风格应保持一致。

（2）尺寸线应尽量标注在图样轮廓线以外，从内到外依次标注从小到大的尺寸，不能将大尺寸标在内，小尺寸标在外。

（3）最大的尺寸线与图样轮廓线之间的距离不应小于 10 mm，两条尺寸线之间的距离一般为 7 ~ 10 mm。

（4）尺寸界线朝向图样的端头，距图样轮廓之间的距离应大于或等于 2 mm，不易直接与之相连。

（5）在图线拥挤的地方，应合理安排尺寸线的位置，但不易与图线、文字及符号相交；可以考虑将轮廓线作为尺寸界线，但不能作为尺寸线。

（6）室内设计图中连续重复的构配件等，当不易标明定位尺寸时，可以在总尺寸的控制下，不用数值而用"均分"或"EQ"字样表示定位尺寸。

表 6-2 常用线型

名　称		线　型	线宽	使用范围
实线	粗		b	（1）平、剖面图中被剖切的主要建筑构造（包括构配件）的轮廓线； （2）建筑立面图或室内立面图的外轮廓线； （3）建筑构造详图中被剖切的主要部分的轮廓线； （4）建筑构配件详图中的外轮廓线； （5）平、立、剖面的剖切符号
	中粗		$0.7b$	（1）平、剖面图中被剖切的次要建筑构造（包括构配件）的轮廓线； （2）建筑平、立、剖面图中建筑构配件的轮廓线； （3）建筑构造详图及建筑构配件详图中的一般轮廓线
	中		$0.5b$	小于 $0.7b$ 的图形线，尺寸线，尺寸界限，索引符号，标高符号，详图材料做法引出线，粉刷线，保温层线，地面、墙面的高差分界线等
	细		$0.25b$	图例填充线、家具线、纹样线等
虚线	中粗		$0.7b$	（1）建筑构造详图及建筑构配件不可见的轮廓线； （2）平面图中的梁式起重机（吊车）轮廓线； （3）拟建、扩建建筑物的轮廓线
	中		$0.5b$	投影线、小于 $0.5b$ 的不可见轮廓线
	细		$0.25b$	图例填充线、家具线等
单点长画线	细		$0.25b$	轴线、构件的中心线、对称线
折断线	细		$0.25b$	画图样时的断开界限
波浪线	细		$0.25b$	构造层次的断开界限，有时也表示省略画出的断开界限

6.4 文字说明

在一幅完整的图纸中，用图线方式表现的不充分或无法用图线表示的地方，就需要文字说明。文字说明是图纸内容的重要组成部分。制图规范对文字标注中的字体、字号、字体与字号搭配等方面做了一些具体的规定。

（1）一般原则：字体端正、排列整齐、清晰准确、美观大方，避免过于个性化的文字标注。

（2）字体：一般标注推荐采用仿宋体。大标题、图册封面、地形图等的汉字，可以书写成其他字体，但应易于辨认。

（3）字号：标注的文字高度要适中。同一类型的文字采用同一字号。较大的字用于概括性的内容说明，较小的字用于细致的内容说明。

（4）字体及字号的搭配应注意体现层次感，如图6-3所示。

仿宋：室内设计（小四）室内设计（四号）

黑体：室内设计（小四）室内设计（四号）

楷体：室内设计（小四）室内设计（四号）

宋体：室内设计（小四）室内设计（四号）

行书：室内设计（小四）室内设计（四号）

字母，数字及符号：01234567890asdfghjkl%

图6-3 字体及字号

6.5 常用图示标志

6.5.1 详图索引符号及详图符号

平、立、剖面图中，在需要另设详图表示的部位标注一个索引符号，以表明该详图的位置，这个索引符号即详图索引符号，如图6-4所示。

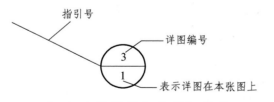
（a）本张图纸上的割切符号

（b）详图本图的割切符号

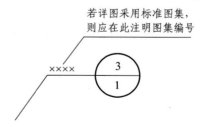
（c）图集的割切符号

图6-4 详图索引符号

详图符号即详图的编号，用粗实线绘制，圆圈直径为14 mm，如图6-5所示。

图 6-5 详图符号

6.5.2 引出线

由图样引出一条或多条线段指向文字说明，则该线段就是引出线。引出线与水平方向的夹角一般采用0°、35°、45°、60°、90°。使用多层构造引出线时，应注意构造分层的顺序，使其与说明文字的分层顺序一致。文字说明可以放在引出线的端头，也可放在引出线水平段之上，如图6-6所示。

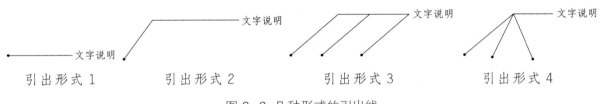

引出形式 1　　　　引出形式 2　　　　引出形式 3　　　　引出形式 4

图 6-6 几种形式的引出线

6.5.3 内视符号

在建筑中，一个室内空间由竖向分隔（隔断或墙体）来界定。因此，根据具体情况，就有可能绘制一个或多个立面图表达隔断、墙体、家具和构件的设计。内视符号标注在平面图中，包含视点位置、方向和编号3个信息，同时建立平面图和室内立面图之间的联系。如图6-7所示，图中立面图编号可用英文字母或阿拉伯数字表示，黑色的箭头指向表示立面的方向，图（a）为单向内视符号，图（b）为双向内视符号，图（c）为四向内视符号，A、B、C、D以顺时针标注。

（a）单向内视符号　　　（b）双向内视符号　　　（c）四向内视符号

图 6-7 内视符号

7 居住空间室内设计

本章主要介绍居住空间的功能分区、设计风格、家具常用材料与工艺、室内家具布置方式。本章还加入了经典案例的具体分析，使读者能够从设计思路等方面全面掌握居住空间的制图步骤。

（1）了解和熟悉室内家具常用材料与施工工艺。
（2）掌握居住空间的功能分区和设计风格。
（3）掌握室内家具的布置方式。

7.1 居住空间的规划设计

居住空间一般分为单层、双层、三层和错层等空间结构。居住空间的规划设计就是根据不同的需求，采用众多的手法进行空间的再创造，使其具有科学性、实用性、审美性。

7.1.1 居住空间的功能分区

居住空间是指可供居住者睡眠、团聚、会客、休闲、视听、用餐和学习等居住的功能空间，如玄关、卧室、起居室、餐厅、书房等。这些功能空间形成居住环境的静与闹、群体与私密、外向与内敛等不同特点的分区。

1. 玄关设计

居室主入口直接通向室内的过渡性空间称为玄关，其主要作为家人进出及迎送宾客之用。由于玄关可以给人入户的第一印象，所以在装饰上应该给予足够的重视。

玄关面积一般为 2 ~ 4 m²，面积虽然小，却关系到家人生活的舒适度。这一空间里可设置鞋柜、挂衣架、储物柜等，面积充足时也可以摆放一些陈设品（如花瓶、绿植、挂画等）。

2. 起居室设计

起居室是居住空间中家庭群体生活的主要活动空间，在中国传统建筑空间中称为"堂"。通常情况下，起居室与客厅是一个功能空间的概念，它的规划设计在居住空间中处于最重要的地位，其设计的好坏决定了整个家庭的装修档次和品位。

起居室的功能是多种多样的，主要有家人视听、团聚、会客、娱乐、休闲等功能，因此在对起居室进行规划设计时，应围绕这些功能展开设计。起居室的装饰元素包括陈设品、绿植、隔断、灯饰、门窗等。

3. 餐厅设计

餐厅是家庭日常进餐和宴请宾客的重要活动空间，良好的就餐环境会产生愉悦的氛围，使人充分享受用餐的乐趣。餐厅根据不同的建筑环境，可分为独立餐厅、与客厅相连的餐厅、厨房兼餐厅等形式。

餐厅的功能相对单一，餐桌、餐椅是必备的家具，除此之外还可设置酒具、餐具、橱柜等，餐厅的墙面也可以布置一些装饰品来营造就餐氛围。

4. 厨房设计

厨房是专门处理家务膳食的工作场所，它是居住空间中必不可少的组成部分，在家庭生活中占有很重要的位置。其基本功能有储放、清洗、操作、烹饪等，厨房从功能布局上可以分为储物区、清洗区、配膳区和烹调区四部分。

厨房使用功能的设计主要是以操作台面为主，其布置形式决定了空间的利用率。按照利用率的高低，可以把厨房分为 U 形厨房、H 形厨房、L 形厨房和一字形厨房 4 种类型。

5. 卫生间设计

卫生间是居住空间中私密性比较高的空间，原则上，较为理想的状况是每一室应设计一个卫生间，事实上，目前大部分住宅无法达到这个标准。卫生间从使用上，可以分为主卫和次卫。面积小的户型，可能只有次卫；面积大的户型一般还有主卫或者多个卫生间，主卫更加私密。

卫生间的使用功能主要分为洗浴和厕所，并围绕此功能设计抽水马桶、台盆、浴缸或淋浴房等。此外，除了这些基本设施外，还需配置梳妆镜、浴巾架、毛巾架、卷筒纸架、清洁品储藏柜等。

6. 卧室设计

卧室是居住空间中最具有私密性的空间，因此，舒适性和私密性是卧室设计的重点。卧室的主要功能是睡眠，但随着人们生活水平的不断提高，卧室空间在睡眠的基础上又增加了不少辅助功能，如休闲、梳妆、储藏、视听等。

卧室有主卧、次卧、客卧之分。主卧是主人的房间；次卧包括老人房和儿童房；客卧一般作为多用途的房间设计。卧室的基本设施配置一般包括双（单）人床、床头柜、衣柜、休息椅、电视及电视柜等。

7. 书房设计

书房是主人读书、学习、工作的场所，同时也是主人爱好的体现以及偶尔会见客人的地方。书房一般设置在卧室的一角，也可以作为一个独立的空间设置。

书房的主要功能是学习、工作，因此要摆放书架、书桌等家具，也可以根据主人职业特点和个人喜好摆放家具，如画家的画架、设计师的绘图台等。

【实例 7-1】 住宅平面图功能分区的绘制。

（1）绘图单位的设置。

启动 AutoCAD 软件，执行菜单栏"格式"/"单位"命令，弹出如图 7-1 所示的"图形单位"对话框。

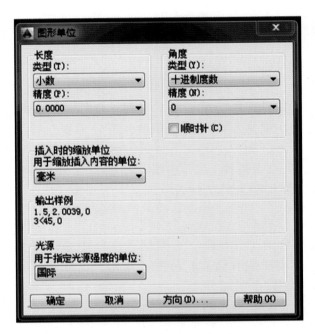

图 7-1 "图形单位"对话框

在"图形单位"对话框中，设置长度小数的精确度为"0"，如图 7-2 所示，单击"确定"按钮。

图 7-2 "图形单位"对话框

（2）图层的设置。

在平面图中，为了方便管理，把具有不同属性的图形放在不同的图层上。

创建图层：执行菜单栏"格式"/"图层"命令，弹出如图 7-3 所示的"图层特性管理器"对话框。在此对话框中，分别建立轴线、墙体、门窗、标注 4 个图层，如图 7-4 所示。

图 7-3 "图层特性管理器"对话框

图 7-4 "图层特性管理器"对话框

（3）边界的设置。

要绘制住宅平面图，必须重新设置边界。

命令：LIMITS ⟋

重新设置模型空间界限：

LIMITS 指定左下角点或 [开（ON）关（OFF）]<0，0>：⟋

LIMITS 指定右上角点 <420，297>：21000，15000 ⟋

命令：z ⟋

ZOOM

指定窗口的角点，输入比例因子（nx 或 nxp），或者

ZOOM[全部（A）中心（C）动态（D）范围（E）上一个（P）比例（S）窗口（W）对象（O）]<实时 >：A ⟋

正在重生成模型。

（4）线型比例的设置。

命令：LTSCALE ⟋

LTSCALE 输入新线型比例因子 <1.0000>：40 ⟋

注意：此处比例因子的大小可根据绘图需要进行调整。

（5）多线的设置。

执行菜单栏"格式"/"多线样式"命令，打开"多线样式"对话框，如图 7-5 所示。

图 7-5 "多线样式"对话框

点击"新建"按钮,打开"创建新的多线样式"对话框。在"新样式名"编辑框里输入"墙体",如图 7-6 所示。

图 7-6 "创建新的多线样式"对话框

点击"继续"按钮,打开"新建多线样式:墙体"对话框,如图 7-7 所示。选中"图元"框内"偏移、颜色、线型"列表中的第一行,这时下方的"偏移""颜色"等编辑框都能使用了。在"偏移"栏内输入"120",用同样的方法选中列表框中的第二行,并在"偏移"栏内输入"-120"。在"封口"框内勾选"直线"的起点和端点,如图 7-8 所示。

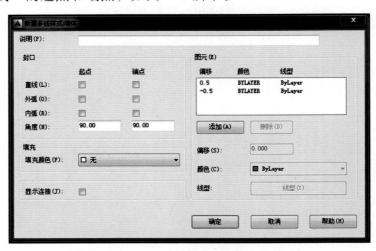

图 7-7 "新建多线样式:墙体"对话框

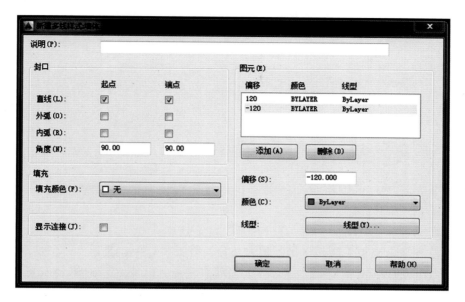

图 7-8 "新建多线样式：墙体"对话框

按"确定"返回到"多线样式"对话框，如图 7-9 所示，在"样式"栏内多了一个名为"墙体"的样式。用同样的方法再创建一个名为"内墙"的多线样式，偏移为"60""-60"。

图 7-9 "多线样式"对话框

注意："偏移"列表中的行数可以通过"添加"和"删除"按钮来进行调整。

（6）绘制轴线网。

将"轴线"图层设置为当前图层，打开"正交"按钮，命令行里输入"L（直线）"命令，在绘图区域适当部位单击鼠标左键，并将此点作为轴线的基点，绘制一条水平直线和一条垂直直线，如图 7-10 所示。

图 7-10 绘制轴线网

注意：根据个人习惯，可以将绘图区的颜色更改为白色，隐藏栅格。

命令：OFFSET ✓

当前设置：删除源 = 否　图层 = 源　OFFSETGAPTYPE = 0

OFFSET 指定偏移距离或 [通过（T）删除（E）图层（L）]< 通过 >：690 ✓

OFFSET 选择要偏移的对象，或 [退出（E）放弃（U）]< 退出 >：鼠标左键点击水平直线

OFFSET 指定要偏移的那一侧上的点，或 [退出（E）多个（M）放弃（U）]< 退出 >：在水平直线的上方点击

OFFSET 选择要偏移的对象，或 [退出（E）放弃（U）]< 退出 >：✓

命令：OFFSET ✓

当前设置：删除源 = 否　图层 = 源　OFFSETGAPTYPE = 0

OFFSET 指定偏移距离或 [通过（T）删除（E）图层（L）]<690>：3040 ✓

OFFSET 选择要偏移的对象，或 [退出（E）放弃（U）]< 退出 >：鼠标左键点击第 2 条水平直线

OFFSET 指定要偏移的那一侧上的点，或 [退出（E）多个（M）放弃（U）]< 退出 >：在水平直线的上方点击

OFFSET 选择要偏移的对象，或 [退出（E）放弃（U）]< 退出 >：✓

命令：OFFSET ✓

当前设置：删除源 = 否　图层 = 源　OFFSETGAPTYPE = 0

OFFSET 指定偏移距离或 [通过（T）删除（E）图层（L）]<3040>：1910 ✓

OFFSET 选择要偏移的对象，或 [退出（E）放弃（U）]< 退出 >：鼠标左键点击第 3 条水平直线

OFFSET 指定要偏移的那一侧上的点，或 [退出（E）多个（M）放弃（U）]< 退出 >：在水平直线的上方点击

OFFSET 选择要偏移的对象，或 [退出（E）放弃（U）]< 退出 >：✓

命令：OFFSET ✓

当前设置：删除源 = 否　图层 = 源　OFFSETGAPTYPE = 0

OFFSET 指定偏移距离或 [通过（T）删除（E）图层（L）]<1910>：2780 ✓

OFFSET 选择要偏移的对象，或 [退出（E）放弃（U）]< 退出 >：鼠标左键点击第 4 条水平直线

OFFSET 指定要偏移的那一侧上的点，或 [退出（E）多个（M）放弃（U）]< 退出 >：在水平直线的上方点击

OFFSET 选择要偏移的对象，或 [退出（E）放弃（U）]< 退出 >：✓

命令：OFFSET ↙

当前设置：删除源 = 否　图层 = 源　OFFSETGAPTYPE = 0

OFFSET 指定偏移距离或 [通过（T）删除（E）图层（L）]<2780>：2660 ↙

OFFSET 选择要偏移的对象，或 [退出（E）放弃（U）]< 退出 >：鼠标左键点击第 5 条水平直线

OFFSET 指定要偏移的那一侧上的点，或 [退出（E）多个（M）放弃（U）]< 退出 >：在水平直线的上方点击

OFFSET 选择要偏移的对象，或 [退出（E）放弃（U）]< 退出 >：↙

命令：OFFSET ↙

当前设置：删除源 = 否　图层 = 源　OFFSETGAPTYPE = 0

OFFSET 指定偏移距离或 [通过（T）删除（E）图层（L）]<2660>：2000 ↙

OFFSET 选择要偏移的对象，或 [退出（E）放弃（U）]< 退出 >：鼠标左键点击第 6 条水平直线

OFFSET 指定要偏移的那一侧上的点，或 [退出（E）多个（M）放弃（U）]< 退出 >：在水平直线的上方点击

OFFSET 选择要偏移的对象，或 [退出（E）放弃（U）]< 退出 >：↙

命令：OFFSET ↙

当前设置：删除源 = 否　图层 = 源　OFFSETGAPTYPE = 0

OFFSET 指定偏移距离或 [通过（T）删除（E）图层（L）]<2000>：980 ↙

OFFSET 选择要偏移的对象，或 [退出（E）放弃（U）]< 退出 >：鼠标左键点击第 1 条垂直线

OFFSET 指定要偏移的那一侧上的点，或 [退出（E）多个（M）放弃（U）]< 退出 >：在垂直线右侧点击

OFFSET 选择要偏移的对象，或 [退出（E）放弃（U）]< 退出 >：↙

命令：OFFSET ↙

当前设置：删除源 = 否　图层 = 源　OFFSETGAPTYPE = 0

OFFSET 指定偏移距离或 [通过（T）删除（E）图层（L）]<980>：570 ↙

OFFSET 选择要偏移的对象，或 [退出（E）放弃（U）]< 退出 >：鼠标左键点击第 2 条垂直线

OFFSET 指定要偏移的那一侧上的点，或 [退出（E）多个（M）放弃（U）]< 退出 >：在垂直线右侧点击

OFFSET 选择要偏移的对象，或 [退出（E）放弃（U）]< 退出 >：↙

命令：OFFSET ↙

当前设置：删除源 = 否　图层 = 源　OFFSETGAPTYPE = 0

OFFSET 指定偏移距离或 [通过（T）删除（E）图层（L）]<570>：4200 ↙

OFFSET 选择要偏移的对象，或 [退出（E）放弃（U）]< 退出 >：鼠标左键点击第 3 条垂直线

OFFSET 指定要偏移的那一侧上的点，或 [退出（E）多个（M）放弃（U）]< 退出 >：在垂直线右侧点击

OFFSET 选择要偏移的对象，或 [退出（E）放弃（U）]< 退出 >：↙

命令：OFFSET ↙

当前设置：删除源 = 否　图层 = 源　OFFSETGAPTYPE = 0

OFFSET 指定偏移距离或 [通过（T）删除（E）图层（L）]<4200>：1500 ↙

OFFSET 选择要偏移的对象，或 [退出（E）放弃（U）]< 退出 >：鼠标左键点击第 4 条垂直线

OFFSET 指定要偏移的那一侧上的点，或 [退出（E）多个（M）放弃（U）]< 退出 >：在垂直线右侧点击

OFFSET 选择要偏移的对象，或 [退出（E）放弃（U）]< 退出 >：↙

命令：OFFSET ↙

当前设置：删除源 = 否　图层 = 源　OFFSETGAPTYPE = 0

OFFSET 指定偏移距离或 [通过（T）删除（E）图层（L）]<1500>：3010 ↙

OFFSET 选择要偏移的对象，或 [退出（E）放弃（U）]< 退出 >：鼠标左键点击第 5 条垂直线

OFFSET 指定要偏移的那一侧上的点，或 [退出（E）多个（M）放弃（U）]< 退出 >：在垂直线右侧点击

OFFSET 选择要偏移的对象，或 [退出（E）放弃（U）]< 退出 >：↙

命令：OFFSET ↙

当前设置：删除源 = 否　图层 = 源　OFFSETGAPTYPE = 0

OFFSET 指定偏移距离或 [通过（T）删除（E）图层（L）]<3010>：720 ↙

OFFSET 选择要偏移的对象，或 [退出（E）放弃（U）]< 退出 >：鼠标左键点击第 6 条垂直线

OFFSET 指定要偏移的那一侧上的点，或 [退出（E）多个（M）放弃（U）]< 退出 >：在垂直线右侧点击

OFFSET 选择要偏移的对象，或 [退出（E）放弃（U）]< 退出 >：↙

命令：OFFSET ↙

当前设置：删除源 = 否　图层 = 源　OFFSETGAPTYPE = 0

OFFSET 指定偏移距离或 [通过（T）删除（E）图层（L）]<720>：1850 ↙

OFFSET 选择要偏移的对象，或 [退出（E）放弃（U）]< 退出 >：鼠标左键点击第 7 条垂直线

OFFSET 指定要偏移的那一侧上的点，或 [退出（E）多个（M）放弃（U）]< 退出 >：在垂直线右侧点击

OFFSET 选择要偏移的对象，或 [退出（E）放弃（U）]< 退出 >：↙

最终绘制完成的轴线网如图 7-11 所示。

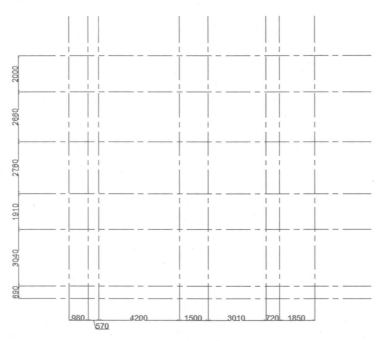

图 7-11　轴线网

（7）绘制外墙体。

执行菜单栏"格式"/"多线样式"命令，打开"多线样式"对话框，将"墙体"置为当前。设置"墙体"图层为当前图层，绘制多线，对正设置为"无"，比例设置为"1"。

命令：ML ↙

当前设置：对正＝上，比例＝20.00，样式＝墙体

MLINE 指定起点或 [对正（J）比例（S）样式（ST）]：J ↙

MLINE 输入对正类型 [上（T）无（Z）下（B）]< 上 >：Z ↙

当前设置：对正＝无，比例＝20.00，样式＝墙体

MLINE 指定起点或 [对正（J）比例（S）样式（ST）]：S ↙

MLINE 输入多线比例 <20.00>：1 ↙

当前设置：对正＝无，比例＝1.00，样式＝墙体

MLINE 指定起点或 [对正（J）比例（S）样式（ST）]：指定轴线的某一个相交点，即外墙体的起点

MLINE 指定下一点：指定墙体的下一个拐点

MLINE 指定下一点或 [放弃（U）]：指定墙体的下一个拐点

MLINE 指定下一点或 [闭合（C）放弃（U）]：指定墙体的下一个拐点

MLINE 指定下一点或 [闭合（C）放弃（U）]：指定墙体的下一个拐点

MLINE 指定下一点或 [闭合（C）放弃（U）]：指定墙体的下一个拐点

MLINE 指定下一点或 [闭合（C）放弃（U）]：指定墙体的下一个拐点

MLINE 指定下一点或 [闭合（C）放弃（U）]：指定墙体的下一个拐点

MLINE 指定下一点或 [闭合（C）放弃（U）]：指定墙体的下一个拐点

MLINE 指定下一点或 [闭合（C）放弃（U）]：指定墙体的下一个拐点

MLINE 指定下一点或 [闭合（C）放弃（U）]：指定墙体的下一个拐点

MLINE 指定下一点或 [闭合（C）放弃（U）]：指定墙体的下一个拐点

MLINE 指定下一点或 [闭合（C）放弃（U）]：指定墙体的下一个拐点

MLINE 指定下一点或 [闭合（C）放弃（U）]：指定墙体的下一个拐点

MLINE 指定下一点或 [闭合（C）放弃（U）]：C ↙

住宅外墙体绘制完成，如图 7-12 所示。

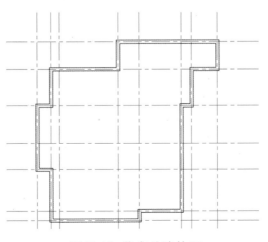

图 7-12 住宅外墙体图

（8）绘制内墙体。

执行菜单栏"格式"/"多线样式"命令，打开"多线样式"对话框，将"内墙"置为当前。内墙的绘制方法与外墙一样，如图7-13所示。

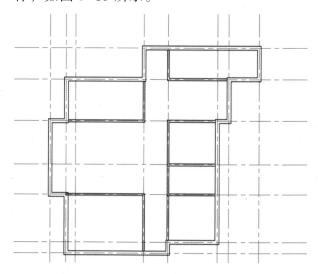

图 7-13 住宅内墙体图

（9）编辑多线。

首先，关闭轴线网图层；然后，执行菜单栏"修改"/"对象"/"多线"命令，打开"多线编辑工具"对话框，图7-14所示。使用"T形合并"对图7-13进行修改。使用"多线编辑工具"的同时，结合"修剪"命令（执行"修剪"命令前，需要先"分解"墙体）进行修改，修改后的效果如图7-15所示。

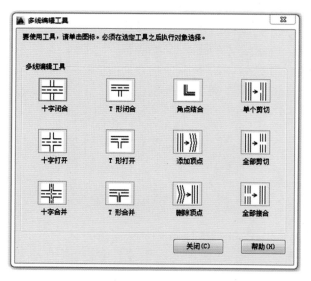

图 7-14 "多线编辑工具"对话框

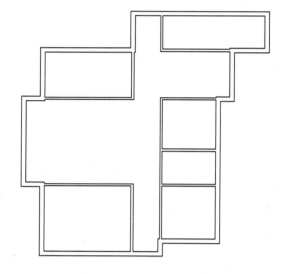

图 7-15 修改后的效果图

（10）开窗洞。

在"门窗"图层中，执行菜单栏"格式"/"多线样式"命令，打开"多线样式"对话框，将"STANDARD"置为当前。

开客厅窗：

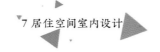
命令：ML ↙

当前设置：对正 = 无，比例 = 1.00，样式 = STANDARD

MLINE 指定起点或 [对正（J）比例（S）样式（ST）]：J ↙

MLINE 输入对正类型 [上（T）无（Z）下（B)]< 无 >：Z ↙

当前设置：对正 = 无，比例 = 1.00，样式 = STANDARD

MLINE 指定起点或 [对正（J）比例（S）样式（ST）]：S ↙

MLINE 输入多线比例 <1.00>：2 000 ↙

当前设置：对正 = 无，比例 = 2 000.00，样式 = STANDARD

MLINE 指定起点或 [对正（J）比例（S）样式（ST）]：捕捉客厅外墙外线的中点

MLINE 指定下一点：捕捉客厅外墙内线的垂足

MLINE 指定下一点或 [放弃（U）]：↙

用同样的方法来绘制卧室、厨房、卫生间的窗，卧室窗宽度为 1 800，厨房和卫生间的窗宽度为 1 000，如图 7-16 所示。

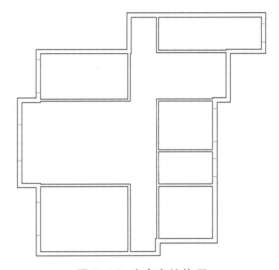

图 7-16 确定窗的位置

绘图过程中，如遇到窗的位置不在正中间的，可以先画在边上，然后再移动。

用"修剪"工具，修剪出窗的孔洞，完成后的效果如图 7-17 所示。

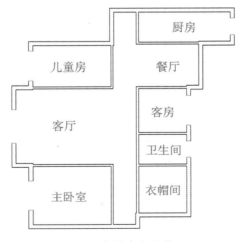

图 7-17 修剪出窗的位置

（11）开门洞。

用同样的方法开门洞，房门尺寸通常为900，卧室、厨房门尺寸通常为800，卫生间门尺寸通常为600，完成后的效果如图7-18所示。

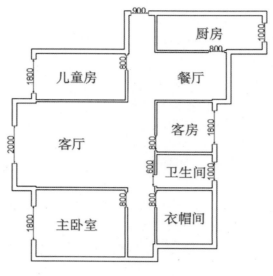

图7-18 门窗尺寸图

（12）绘制窗户。

窗户由4条线组成，外边的两条线代表窗台，尺寸与墙体一致。里边的两条线代表窗框，通常这两条线之间的距离为60。

以客厅窗户为例，绘制方法如下：

在"门窗"图层中，执行如下命令：

命令：LINE↙

LINE 指定第一点：捕捉客厅窗洞外墙线的上端点

LINE 指定下一点或 [放弃（U）]：捕捉客厅窗洞外墙线的下端点

LINE 指定下一点或 [放弃（U）]：↙

命令：LINE↙

LINE 指定第一点：捕捉客厅窗洞内墙线的上端点

LINE 指定下一点或 [放弃（U）]：捕捉客厅窗洞内墙线的下端点

LINE 指定下一点或 [放弃（U）]：↙

命令：OFFSET↙

当前设置：删除源 = 否 图层 = 源 OFFSETGAPTYPE = 0

OFFSET 指定偏移距离或 [通过（T）删除（E）图层（L）]< 通过 >：90↙

OFFSET 选择要偏移的对象，或 [退出（E）放弃（U）]< 退出 >：选择客厅窗户的外侧窗台

OFFSET 指定要偏移的那一侧上的点，或 [退出（E）多个（M）放弃（U）]< 退出 >：鼠标左键点击外侧窗台的右侧

OFFSET 选择要偏移的对象，或 [退出（E）放弃（U）]< 退出 >：选择客厅窗户的里侧窗台

OFFSET 指定要偏移的那一侧上的点，或 [退出（E）多个（M）放弃（U）]< 退出 >：鼠标左键点击里侧窗台的左侧

OFFSET 选择要偏移的对象，或 [退出（E）放弃（U）]< 退出 >：↙

除了此方法以外，还有其他方法也能绘制出同样的窗户，在这里就不一一赘述了。绘制完成的效果如图 7-19 所示。

图 7-19 绘制窗户效果图

（13）绘制门。

绘制住宅房门：

命令：LINE ↙

LINE 指定第一点：捕捉点 1

LINE 指定下一点或 [放弃（U）]：@0，900 ↙

LINE 指定下一点或 [放弃（U）]：↙

执行菜单栏"绘图"/"圆弧"/"圆心、起点、角度"命令画弧线。

命令：ARC ↙

ARC 指定圆弧的起点或 [圆心（C）]：_c 指定圆弧的圆心：捕捉点 1

ARC 指定圆弧的起点：捕捉刚画完的直线上端点

ARC 指定圆弧的端点或 [角度（A）弦长（L）]：_a 指定包含角：－ 90 ↙

注意：顺时针方向角度为"负"，逆时针方向角度为"正"，完成后的效果如图 7-20 所示。

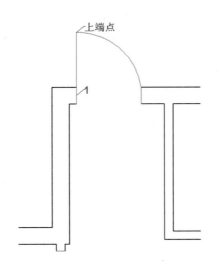

图 7-20 绘制门效果图

其他房间的门可以用复制、移动等工具进行绘制，尺寸不一样的门可以用缩放工具进行缩放，门绘制完成以后需要绘制分隔线，如卫生间、厨房、卧室等与客厅的分隔线。完成后的效果如图7-21所示。

图 7-21 绘制完门的效果图

（14）对平面图进行尺寸标注。

在"标注"图层中，执行菜单栏"标注"/"标注样式"命令，打开"标注样式管理器"对话框，如图7-22所示。

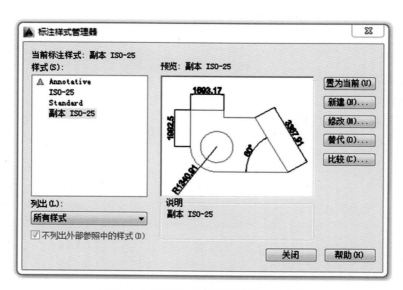

图 7-22 "标注样式管理器"对话框

点击"新建"按钮，创建一个名为"尺寸标注"的样式，并点击"符号和箭头"选项卡，将箭头设置为"建筑标记"，箭头大小设置为"100"，如图7-23所示。在"文字"选项卡中，将文字高度设置为"300"，如图7-24所示。在"线"选项卡里勾选"固定长度的尺寸界限"，将长度设置为"200"，如图7-25所示。点击"确定"，将新建的"尺寸标注"样式"置为当前"，然后点击"关闭"即可。

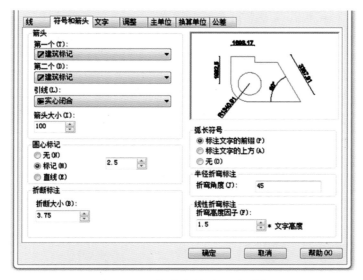

图 7-23 "符号和箭头"选项卡

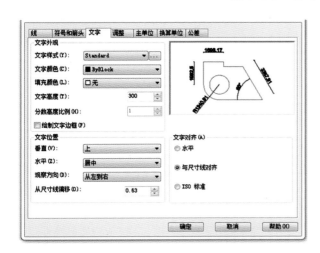

图 7-24 "文字"选项卡

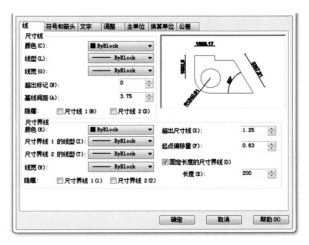

图 7-25 "线"选项卡

打开轴线网，在平面图外侧绘制一个矩形，根据绘图要求适当修剪轴线，如图 7-26 所示。

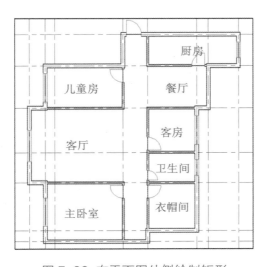

图 7-26 在平面图外侧绘制矩形

删除外边的矩形，标注窗户大小及位置。

执行菜单栏"标注"/"线性"命令：

命令：DIMLINEAR ✓

DIMLINEAR 指定第一个尺寸界线原点或 < 选择对象 >：捕捉点 A

DIMLINEAR 指定第二条尺寸界线原点：捕捉点 B（A、B 点见图 7-27）

指定尺寸线位置或 [多行文字（M）文字（T）角度（A）水平（H）垂直（V）旋转（R）]：在上方适当位置点击

标注文字 = 980

接下来标注 B 点和 C 点间的距离，并用"连续"方法标注尺寸，如图 7-28 所示。

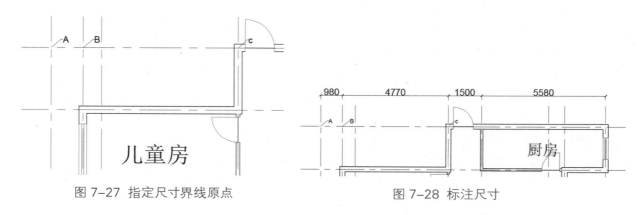

图 7-27 指定尺寸界线原点   图 7-28 标注尺寸

用相同的方法对其余窗户尺寸进行标注，最终标注效果如图 7-29 所示。

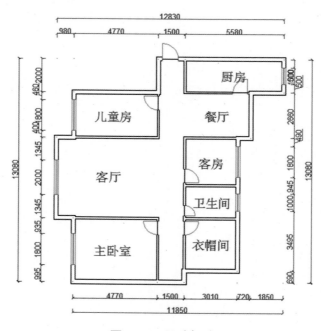

图 7-29 尺寸标注

7.1.2 家具在居住空间中的应用

广义的家具指的是人们维持正常生活和从事社会生产实践所必不可少的器具之一；狭义的家具是指在生活工作中，供人们坐、卧、支撑以及储藏物品的器具和设备。

家具按在居住空间中的基本功能分类，可分为以下几类：

坐卧类家具：凳子、椅子、沙发、床榻等。

桌台类家具：餐桌、电脑桌、书桌等。

橱柜类家具：衣柜、鞋柜、壁橱等。

1. 家具的材料与工艺

（1）木质材料。

木质材料包括全实木类家具和人造板材类家具。

全实木家具根据木材的种类不同，可分为针叶树木材家具和阔叶树木材家具。针叶树木材木质比较软，易于加工，主要品种有红松、樟子松、杉木等；阔叶树木材木质较硬，易变形开裂，不易于加工，主要品种有水曲柳、桦木、椴木、紫檀、胡桃木等。

人造板材类品种很多，主要有胶合板、细木工板、刨花板等。胶合板由杂木皮和胶水通过加热层压而成，一般压合时采用横竖交叉压合，目的是增强强度。一般情况下，12 厘板以上厚度要求 9 层以上，10 厘板厚度要求 5 层以上。胶合板按类别分为 4 类，即耐气候耐潮湿为 I 类，耐水为 II 类，耐潮为 III 类，不耐潮为 IV 类，如图 7-30 所示。

图 7-30 胶合板

细木工板是由芯板拼接而成的，两个外表面为胶合板贴合，如图 7-31 所示。此板握钉力比胶合板、刨花板强，因此价格较贵，适合制作高档柜类产品，加工工艺与传统实木差不多。刨花板主要是由木材或其他木质纤维素材料制成的碎料，施加胶黏剂后在热力和压力作用下胶合而成的人造板，又称碎料板，如图 7-32 所示。因为刨花板结构比较均匀，加工性能好，可以根据需要加工成大幅面的板材，是制作不同规格、样式家具的较好原材料。其制成品不需要再次干燥，可以直接使用，吸引和隔音性能好。但刨花板也有缺点，由于其边缘粗糙，容易吸湿，所以用刨花板制作家具时封边工艺就显得特别重要。另外，刨花板的密度较大，用它来制作家具相对来说比较重。

图 7-31 细木工板

图 7-32 刨花板

（2）竹藤材料。

藤是世界上最古老的家具用材之一。藤材密实坚固，轻巧坚韧，且易于弯曲成形，不怕挤压。藤的再生能力强，是一种生长迅速的植物，一般生长周期为 5 ~ 7 年。

藤制家具具有色泽素雅、造型美观、结构轻巧、质地坚韧、淳朴自然等优点，多用于阳台、书房、客厅等住宅空间中，如图 7-33 ~ 7-35 所示。

图 7-33 藤制家具

图 7-34 藤制家具

图 7-35 藤制家具

（3）塑料。

塑料制成的家具轻便小巧，便于运输、清洗、储存，且色彩鲜艳，造型优美，可回收使用。但塑料也有缺点，如容易燃烧，并且燃烧时产生有毒气体。塑料家具在住宅空间中的使用如图 7-36 ~ 7-40 所示。

图 7-36 塑料家具

图 7-37 塑料家具

图 7-38 塑料家具

图 7-39 塑料家具

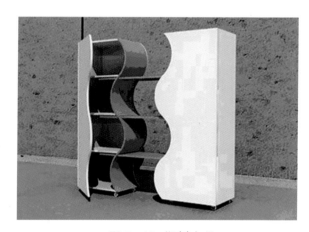

图 7-40 塑料家具

（4）皮革。

皮革具有柔软、富有弹性、坚韧耐磨、吸汗等特性，是易于保养的家具材料。皮革分为天然皮革和人造皮革两大类。

天然皮革主要是由各种动物的皮毛加工而成的，如牛皮、羊皮等。

人造皮革是仿天然皮革制作而成的，其外观花纹较多，通常要求与天然皮革一致。皮革制品在住宅空间中的使用如图 7-41 ~ 7-46 所示。

图 7-41 皮革制品

图 7-42 皮革制品

图 7-43 皮革制品

图 7-44 皮革制品

图 7-45 皮革制品

图 7-46 皮革制品

（5）织物。

织物具有色彩鲜艳、图案丰富、质地柔软、富有弹性等特点，是现代家具装饰常用的材料之一。家具产品中选用的织物根据所用原料不同分为两大类：人造织物和天然织物，一般人造织物比较常见。织物制品在住宅空间中的使用如图 7-47 ～ 7-49 所示。

图 7-47 织物

图 7-48 织物

图 7-49 织物

（6）金属和玻璃材质。

金属作为工业材料，其抗拉强度、弹性、韧性等机械性能远优于木材、织物、皮革等。目前，不锈钢、铝合金等金属材料被广泛应用在居住空间中。这些材料加工方便、不易变形、硬度高、质量轻、耐腐蚀、防火性能好、便于运输和装卸，因此受到室内设计者的青睐。

玻璃晶莹、璀璨，具有良好的机械力学性能和热工性能，是近些年开发的新型家具材料。除了日常生活中常见的平板玻璃外，还有磨砂玻璃、拉丝玻璃、彩色玻璃等具有不同装饰效果的玻璃。由于玻璃所特有的透明、半透明特性，因此现代家具设计中往往把木材、金属和玻璃结合在一起，极大地增强了家具的装饰观赏价值。玻璃制品在住宅空间中的使用如图 7-50 ~ 7-56 所示。

图 7-50 玻璃制品家具

图 7-51 玻璃制品家具

图 7-52 玻璃制品家具

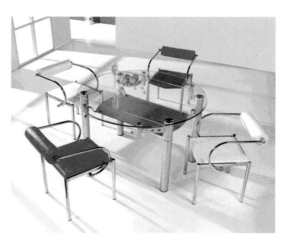

图 7-53 玻璃制品家具

图 7-54 玻璃制品家具　　　　图 7-55 玻璃制品家具　　　　图 7-56 玻璃制品家具

（7）石材。

　　石材作为中国最古老的建筑装饰材料已有上千年的历史了，其强度、硬度均较高，耐磨、耐久性能优良。家具装饰中使用的石材有天然石材和人造石材两大类，目前，应用最为广泛的是大理石。大理石色彩丰富、图案美丽，有玻璃样的光滑表面，但比玻璃要坚硬得多，不易碎裂。大理石制品在住宅空间中的使用如图 7-57 ~ 7-59 所示。

图 7-57 石材家具　　　　　　　　　　　　　　图 7-58 石材家具

图 7-59 石材家具

2. 家具的选择

在选择家具的时候，要考虑以下几点：

（1）家具的比例尺寸要与室内整体环境相协调。

（2）家具的风格要与室内设计风格相统一。

（3）家具的数量由不同功能空间的使用要求和空间面积大小决定。

3. 家具布置的基本方法

按照家具在空间中的位置进行布置的方法有以下几种：

（1）周边式。

周边式指家具沿墙面四周布置，留出中间空间位置。这种布置方法在居住空间中较为常见，不仅能够节约空间，利于人们的活动，还不会影响室内的采光，如图 7-60、图 7-61 所示。

图 7-60 周边式

图 7-61 周边式

（2）岛式。

岛式是将家具布置在室内空间的中心部位，留出周边空间，它强调的是家具的中心地位，显示其重要性和独立性。周边的交通活动，应保证中心区域不受到干扰，如图 7-62 所示。

图 7-62 岛式

（3）单边式。

单边式指家具集中布置在一侧，留出另一侧空间作为走道。这样布置可以将工作区和交通区分隔开，干扰小，如图7-63所示。

图7-63 单边式

（4）走道式。

走道式指家具布置在室内两侧，中间留出走道。这样布置虽然可以节约交通面积，但交通对两侧都有干扰，因此常用在活动人数少的客房。

【实例7-2】 住宅平面图内部家具的绘制。

（1）客厅沙发的绘制。

可以在"0图层"里绘制家具，也可以单独新建一个家具图层。

命令：LINE ↙

LINE 指定第一点：鼠标左键点击屏幕上一点

LINE 指定下一点或 [放弃（U）]：打开正交，鼠标向右移动，输入"1800"↙

LINE 指定下一点或 [放弃（U）]：鼠标向上移动，输入"600"↙

LINE 指定下一点或 [闭合（C）放弃（U）]：鼠标向左移动，输入"1800"↙

LINE 指定下一点或 [闭合（C）放弃（U）]：c ↙

命令：OFFSET ↙

当前设置：删除源 = 否　图层 = 源　OFFSETGAPTYPE = 0

OFFSET 指定偏移距离或 [通过（T）删除（E）图层（L）]< 通过 >：160 ↙

OFFSET 选择要偏移的对象，或 [退出（E）放弃（U）]< 退出 >：选择左边直线

OFFSET 指定要偏移的那一侧上的点，或 [退出（E）多个（M）放弃（U）]< 退出 >：鼠标左键点击直线右侧

OFFSET 选择要偏移的对象，或 [退出（E）放弃（U）]< 退出 >：选择右边直线

OFFSET 指定要偏移的那一侧上的点，或 [退出（E）多个（M）放弃（U）]< 退出 >：鼠标左键点击直线左侧

OFFSET 选择要偏移的对象，或 [退出（E）放弃（U）]< 退出 >：↙

效果如图7-64所示。

图 7-64 客厅沙发的绘制（一）

然后根据图 7-65 所示的尺寸进行偏移。

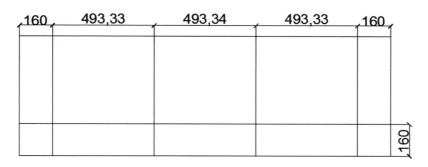

图 7-65 客厅沙发的绘制（二）

执行"修剪"命令，修剪效果如图 7-66 所示。

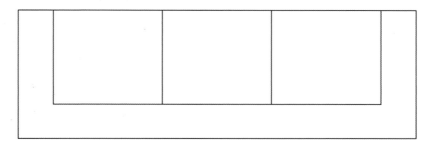

图 7-66 客厅沙发的绘制（三）

执行"圆角"命令，修圆半径为 80，效果如图 7-67 所示。

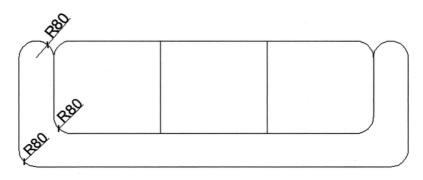

图 7-67 客厅沙发的绘制（四）

（2）卧室双人床及床头柜的绘制。

命令：REC ↙

RECTANG 指定第一个角点或 [倒角（C）标高（E）圆角（F）厚度（T）宽度（W）]：鼠标左键点击屏幕上一点

RECTANG 指定另一个角点或 [面积（A）尺寸（D）旋转（R）]：@1500，2000 ↙

命令：REC ↙

RECTANG 指定第一个角点或 [倒角（C）标高（E）圆角（F）厚度（T）宽度（W）]：鼠标左键点击刚完成的矩形左上角点

RECTANG 指定另一个角点或 [面积（A）尺寸（D）旋转（R）]：@1500，-30 ↙

效果如图 7-68 所示。

命令：REC ↙

RECTANG 指定第一个角点或 [倒角（C）标高（E）圆角（F）厚度（T）宽度（W）]：f ↙

RECTANG 指定矩形的圆角半径 <0>：50 ↙

RECTANG 指定第一个角点或 [倒角（C）标高（E）圆角（F）厚度（T）宽度（W）]：鼠标左键点击矩形中枕头的位置

RECTANG 指定另一个角点或 [面积（A）尺寸（D）旋转（R）]：@580，260 ↙

命令：OFFSET ↙

当前设置：删除源 = 否　图层 = 源　OFFSETGAPTYPE = 0

OFFSET 指定偏移距离或 [通过（T）删除（E）图层（L）]< 通过 >：10 ↙

OFFSET 选择要偏移的对象，或 [退出（E）放弃（U）]< 退出 >：鼠标左键点击刚绘制完成的圆角矩形

OFFSET 指定要偏移的那一侧上的点，或 [退出（E）多个（M）放弃（U）]< 退出 >：鼠标左键点击圆角矩形内侧

OFFSET 选择要偏移的对象，或 [退出（E）放弃（U）]< 退出 >：↙

将绘制完的枕头移动复制一个，如图 7-69 所示。

图 7-68 双人床的绘制（一）

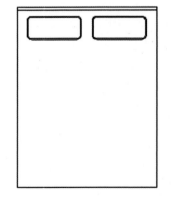

图 7-69 双人床的绘制（二）

命令：LINE ↙

LINE 指定第一点：鼠标左键点击点 1

LINE 指定下一点或 [放弃（U）]：鼠标左键点击点 2

LINE 指定下一点或 [放弃（U）]：↙

将刚绘制完成的直线向右移动到适当位置，如图 7-70 所示。

命令：OFFSET ✓

当前设置：删除源 = 否　图层 = 源　OFFSETGAPTYPE = 0

OFFSET 指定偏移距离或 [通过（T）删除（E）图层（L）]<10>：30 ✓

OFFSET 选择要偏移的对象，或 [退出（E）放弃（U）]< 退出 >：鼠标左键点击刚绘制完成的直线

OFFSET 指定要偏移的那一侧上的点，或 [退出（E）多个（M）放弃（U）]< 退出 >：鼠标左键点击直线右侧

OFFSET 选择要偏移的对象，或 [退出（E）放弃（U）]< 退出 >：鼠标左键点击刚绘制完成的第二条直线

OFFSET 指定要偏移的那一侧上的点，或 [退出（E）多个（M）放弃（U）]< 退出 >：鼠标左键点击直线右侧

OFFSET 选择要偏移的对象，或 [退出（E）放弃（U）]< 退出 >：✓

完成后的效果如图 7-71 所示。

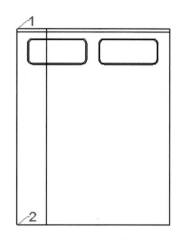

图 7-70 双人床的绘制（三）

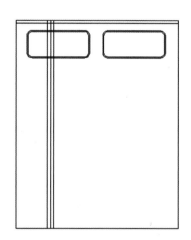

图 7-71 双人床的绘制（四）

接下来继续用同样的方法绘制下边的花线，完成后的效果如图 7-72 所示。

执行"修剪"命令，修剪结果如图 7-73 所示。

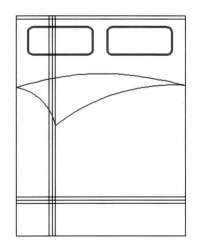

图 7-72 双人床的绘制（五）

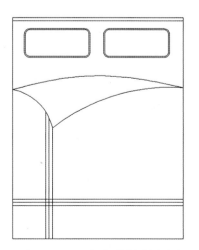

图 7-73 双人床的绘制（六）

最后绘制床头柜：

命令：REC ✓

RECTANG 指定第一个角点或 [倒角（C）标高（E）圆角（F）厚度（T）宽度（W）]：鼠标左键点击床头附近一点

RECTANG 指定另一个角点或 [面积（A）尺寸（D）旋转（R）]：@500，500 ✓

命令：OFFSET ✓

当前设置：删除源 = 否 图层 = 源 OFFSETGAPTYPE = 0

OFFSET 指定偏移距离或 [通过（T）删除（E）图层（L）]< 通过 >：10 ✓

OFFSET 选择要偏移的对象，或 [退出（E）放弃（U）]< 退出 >：鼠标左键点击刚绘制完成的矩形

OFFSET 指定要偏移的那一侧上的点，或 [退出（E）多个（M）放弃（U）]< 退出 >：鼠标左键点击矩形内侧

OFFSET 选择要偏移的对象，或 [退出（E）放弃（U）]< 退出 >：✓

命令：OFFSET ✓

当前设置：删除源 = 否 图层 = 源 OFFSETGAPTYPE = 0

OFFSET 指定偏移距离或 [通过（T）删除（E）图层（L）]<10>：120 ✓

OFFSET 选择要偏移的对象，或 [退出（E）放弃（U）]< 退出 >：鼠标左键点击刚绘制完成的第二个矩形

OFFSET 指定要偏移的那一侧上的点，或 [退出（E）多个（M）放弃（U）]< 退出 >：鼠标左键点击矩形内侧

OFFSET 选择要偏移的对象，或 [退出（E）放弃（U）]< 退出 >：✓

命令：OFFSET ✓

当前设置：删除源 = 否 图层 = 源 OFFSETGAPTYPE = 0

OFFSET 指定偏移距离或 [通过（T）删除（E）图层（L）]<120>：70 ✓

OFFSET 选择要偏移的对象，或 [退出（E）放弃（U）]< 退出 >：鼠标左键点击刚绘制完成的第 3 个矩形

OFFSET 指定要偏移的那一侧上的点，或 [退出（E）多个（M）放弃（U）]< 退出 >：鼠标左键点击矩形内侧

OFFSET 选择要偏移的对象，或 [退出（E）放弃（U）]< 退出 >：✓

完成后的效果如图 7-74 所示。

打开"正交模式"，执行"直线"命令，在最里面的矩形中心处绘制两条直线，长 360 mm 左右即可，完成后的效果如图 7-75 所示。

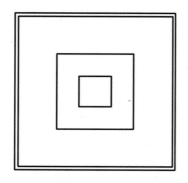

图 7-74 床头柜的绘制（一）

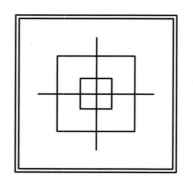

图 7-75 床头柜的绘制（二）

将绘制完成的床头柜移动到双人床旁边，再执行"镜像"命令，复制一个放在床的另一侧就可以了，最终完成的效果如图 7-76 所示。

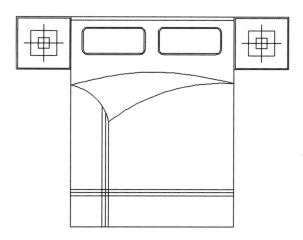

图 7-76　双人床及床头柜绘制效果图

（3）卫生间坐便器的绘制。

命令：EL ✓

ELLIPSE 指定椭圆的轴端点或 [圆弧（A）中心点（C）]：c ✓

ELLIPSE 指定椭圆的中心点：鼠标左键点击一点

ELLIPSE 指定轴的端点：250 ✓

ELLIPSE 指定另一条半轴长度或 [旋转（R）]：175 ✓

命令：OFFSET ✓

当前设置：删除源 = 否　图层 = 源　OFFSETGAPTYPE = 0

OFFSET 指定偏移距离或 [通过（T）删除（E）图层（L）]<70>：20 ✓

OFFSET 选择要偏移的对象，或 [退出（E）放弃（U）]< 退出 >：选择刚绘制完成的椭圆

OFFSET 指定要偏移的那一侧上的点，或 [退出（E）多个（M）放弃（U）]< 退出 >：鼠标左键点击椭圆内侧

OFFSET 选择要偏移的对象，或 [退出（E）放弃（U）]< 退出 >：✓

命令：REC ✓

RECTANG 指定第一个角点或 [倒角（C）标高（E）圆角（F）厚度（T）宽度（W）]：鼠标左键在椭圆上方点击

RECTANG 指定另一个角点或 [面积（A）尺寸（D）旋转（R）]：@400，250 ✓

命令：OFFSET ✓

当前设置：删除源 = 否　图层 = 源　OFFSETGAPTYPE = 0

OFFSET 指定偏移距离或 [通过（T）删除（E）图层（L）]<20>：30 ✓

OFFSET 选择要偏移的对象，或 [退出（E）放弃（U）]< 退出 >：选择刚绘制完成的矩形

OFFSET 指定要偏移的那一侧上的点，或 [退出（E）多个（M）放弃（U）]< 退出 >：鼠标左键点击矩形内侧

OFFSET 选择要偏移的对象，或 [退出（E）放弃（U）]< 退出 >：✓

完成后的效果如图 7-77 所示。

执行"圆角"命令，对外侧矩形执行"半径 50"的圆角，对内侧矩形执行"半径 20"的圆角，完成后的效果如图 7-78 所示。

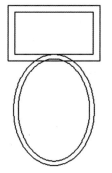

图 7-77 坐便器的绘制（一）

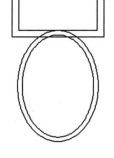

图 7-78 坐便器的绘制（二）

执行"修剪"命令，修剪矩形和椭圆相交的椭圆线条，完成后的效果如图 7-79 所示。

执行"圆弧"命令，通过圆角矩形的左下角点和椭圆上的一点绘制一条弧线，并将多余弧线进行修剪。再执行"镜像"命令，将这条弧线水平镜像到右边，坐便器最终完成后的效果如图 7-80 所示。

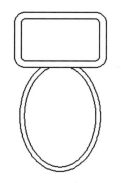

图 7-79 坐便器的绘制（三）

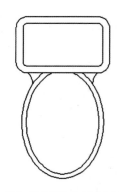

图 7-80 坐便器的绘制（四）

（4）将家具移动至相应空间中。

将绘制完成的家具移动到相应的功能空间中，其余家具可以自己绘制，也可以在网上搜一下绘制好的图块，并插入到相应功能空间中，平面图最终完成后的效果如图 7-81 所示。

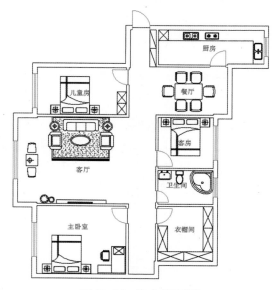

图 7-81 住宅平面图

7.2 居住空间的设计风格

风格即风度品格，体现了创作中的艺术特色和个性。室内风格受时代和地域的限制，是通过创造性的构想而逐渐形成的，是与各民族特性、地区的自然条件和社会条件紧密相关的。

居住空间的设计风格，可分为古典风格、现代风格和地域风格三大类，每一大类中又分为若干小类，下面主要介绍 3 种比较常见的设计风格。

7.2.1 新中式风格

新中式风格起源于中国传统文化复兴时期。伴随着国力增强，民族意识复苏，人们开始从纷乱的效仿中理出头绪，形成了含蓄秀美的新中式风格。新中式风格是在传统的中式风格中添加了一些时尚的现代元素，从而表达对清雅含蓄、端庄风华的东方精神的追求。

新中式风格的设计要点：室内设计多采用对称式布局方式，格调高雅，造型简朴优美，色彩浓重而成熟。室内陈设品多采用字画、匾幅、挂屏、盆景、古玩、屏风、瓷器、博古架等。家具多数是古典家具或者是现代家具与古典家具的结合，颜色以深色为主，有深厚沉稳的底蕴。

新中式风格适合的人群：性格沉稳、喜欢中国传统文化的人。

新中式风格如图 7-82 ~ 7-84 所示。

图 7-82 新中式风格（一）

图 7-83 新中式风格（二）

图 7-84 新中式风格（三）

7.2.2 现代简约风格

现代简约风格是深思熟虑后经过创新得出的设计和思路的延展，它不是简单的"堆砌"和平淡的"摆放"，也不是简约到缺少设计要素，而是一种更高层次的创作境界。

现代简约风格的设计要点：室内墙面、地面、顶棚以及家具陈设等均以简洁的造型、纯洁的质地、精细的工艺为主。室内尽可能不用装饰，取消多余的东西，强调形式应更多地服务于功能。家具和日用品多采用直线，广泛使用玻璃金属。

现代简约风格适合的人群：年轻、喜欢安静祥和的人。

现代简约风格如图 7-85 ~ 7-87 所示。

图 7-85 现代简约风格（一）

图 7-86 现代简约风格（二）

图 7-87 现代简约风格（三）

7.2.3 地中海风格

地中海风格在业界广受关注。地中海周边国家众多，民风各异，但是独特的气候特征还是让各国的地中海风格呈现出一些一致的特点：室内设计基于海边轻松舒适的生活体验，少有浮华、刻板的装饰，生活空间处处使人感到悠闲自得。

地中海风格的设计要点：拱门与半拱门，马蹄状的门窗，白灰泥墙，海蓝色的屋瓦、陶砖。地中海风格的色彩很丰富，由于光照充足，所有的颜色饱和度很高，体现出色彩最绚烂的一面。家具最好选择比较低矮的，以利于开阔视线，同时，家具的线条以柔和为主，可选用一些圆形或是椭圆形的木制家具。除此之外，绿色的盆栽也是地中海风格中不可或缺的一大元素。

地中海风格适合的人群：热爱生活、注重生活情趣和生活质量的人。

地中海风格如图 7-88 ～ 7-91 所示。

图 7-88 地中海风格（一）

图 7-89 地中海风格（二）

图 7-90 地中海风格（三）

图 7-91 地中海风格（四）

8　设计图纸的输出

通过本章的学习，读者可以掌握如何添加与配置绘图设备、如何设置打印样式、如何设置页面，以及如何打印绘图文件，并最终把 AutoCAD 绘制的图形输出为其他软件的图形数据。

（1）了解和熟悉 AutoCAD 的模型空间和图纸空间。
（2）掌握 AutoCAD 创建布局、设置绘图仪和图形输出的方法。
（3）掌握 AutoCAD 页面设置和打印设置的方法。

8.1　创建布局

布局是一种图形空间环境，它模拟图纸页面，提供直观的打印设置。在布局中可以创建并放置视口对象，也可以添加标题栏或其他几何图形。可以在图形中创建多个布局以显示不同视图，每个布局可以包含不同的打印比例和图纸尺寸。布局显示的图形与图纸页面上打印出来的图形完全一样。

8.1.1 模型空间和图纸空间

AutoCAD 可以在两个环境中完成绘图和设计工作，即"模拟空间"和"图纸空间"。模拟空间又可分为平铺式的模拟空间和浮动式的模拟空间。大部分设计和绘图工作都是在平铺式模拟空间中完成的，而图纸空间是模拟手工绘图的空间，它是为绘制平面图而准备的一张虚拟图纸，是一个二维空间的工作环境。从某种意义上来说，图纸空间就是为了布局图面、打印出图而设计的，还可在其中添加边框、注释、标题和尺寸标注等内容。

在状态栏中单击"快速查看布局"按钮 ，出现"模型"选项卡以及一个或多个"布局"选项卡，如图 8-1 所示。

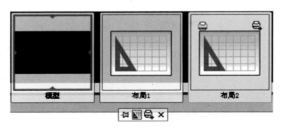

图 8-1 "模型"选项卡和"布局"选项卡

在模型空间和图纸空间都可以进行输出设置，单击"模型"选项卡或"布局"选项卡就可以在它们之间进行切换，如图8-2所示。

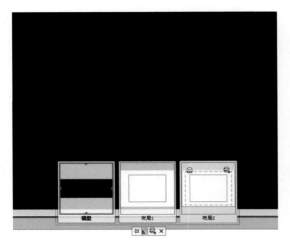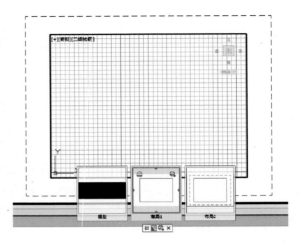

图8-2 模型空间和图纸空间的切换

可以根据坐标标志来区分模型空间和图纸空间。当处于模型空间时，屏幕显示 UCS 标志；当处于图纸空间时，屏幕显示图纸空间标志，即一个直角三角形，所以传统的版本将图纸空间又称作"三角视图"。

注意：模型空间和图纸空间是两种不同的制图空间，在同一个图形中是无法同时在这两个环境中工作的。

8.1.2 在图纸空间中创建布局

在 AutoCAD 中，可以用"布局向导"命令来创建新布局，也可以用 LAYOUT 命令，以模板的方式来创建新布局。下面介绍以向导方式创建布局的过程。

（1）选择"插入"/"布局"/"创建布局向导"命令。

（2）在命令输入行输入 block 后，按 Enter 键。

执行上述任意一种操作后，AutoCAD 会打开如图8-3所示的"创建布局 - 开始"对话框。该对话框用于为新布局命名。左边一列项目是创建中要进行的8个步骤，前面标有三角符号的是当前步骤。在"输入新布局的名称"文本框中输入名称。

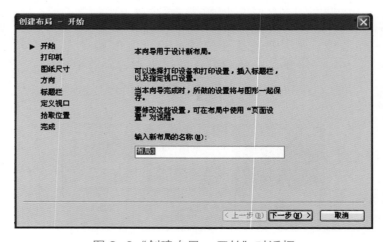

图8-3 "创建布局 - 开始"对话框

单击"下一步"按钮，出现如图 8-4 所示的"创建布局 – 打印机"对话框。

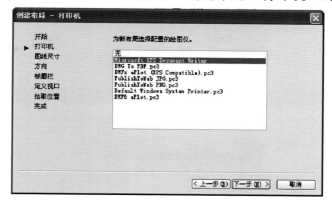

图 8-4 "创建布局 – 打印机"对话框

此对话框用于选择打印机，在列表中列出了本机可用的打印机设备，从中选择一种打印机作为输出设备。完成选择后单击"下一步"按钮，出现如图 8-5 所示的"创建布局 – 图纸尺寸"对话框。

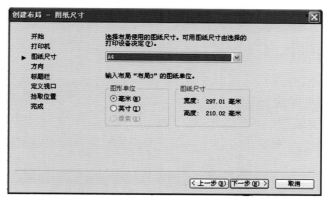

图 8-5 "创建布局 – 图纸尺寸"对话框

此对话框用于选择打印图纸的大小和所用的单位。对话框的下拉列表框中列出了可用的各种格式图纸，它由选择的打印设备决定，可从中选择一种格式。

图形单位：用于控制图像单位，可以选择毫米、英寸或像素。

图纸尺寸：当图形单位有所变化时，图形尺寸也相应变化。

单击"下一步"，出现如图 8-6 所示的"创建布局 – 方向"对话框。

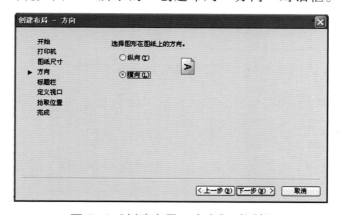

图 8-6 "创建布局 – 方向"对话框

此对话框用于设置打印的方向，两个单选按钮分别表示不同的打印方向。

横向：表示按横向打印。

纵向：表示按纵向打印。

完成打印方向设置后，单击"下一步"按钮，出现如图8-7所示的"创建布局-标题栏"对话框。

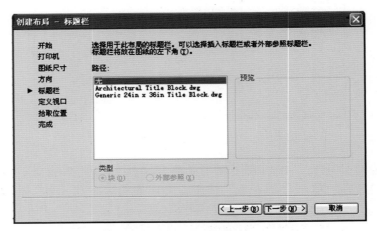

图8-7 "创建布局-标题栏"对话框

此对话框用于选择图纸的边框和标题栏的样式。

路径：列出了当前可用的样式，可从中选择一种。

预览：显示所选样式的预览图像。

类型：可指定所选择的标题栏图形文件是作为"块"，还是作为"外部参照"插入到当前图形中。

单击"下一步"按钮，出现如图8-8所示的"创建布局-定义视口"对话框。

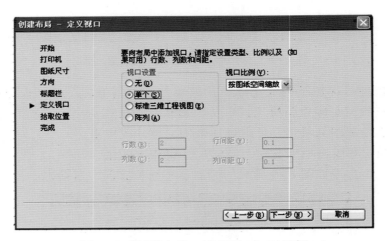

图8-8 "创建布局-定义视口"对话框

此对话框用于指定新创建的布局默认视口设置和比例等。

视口设置：用于设置当前布局的定义视口数。

视口比例：用于设置视口的比例。

选中"阵列"单选按钮，则下面的文本框变为可用，分别输入视口的行数和列数，以及视口的行间距和列间距。

单击"下一步"按钮，出现如图8-9所示的"创建布局-拾取位置"对话框。

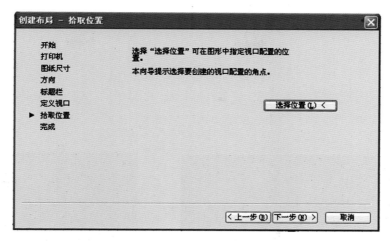

图 8-9 "创建布局 – 拾取位置"对话框

此对话框用于指定视口的大小和位置。单击"选择位置"按钮，系统将暂时关闭该对话框，返回到图形窗口，从中指定视口的大小和位置。选择恰当的视口大小和位置以后，出现如图 8-10 所示的"创建布局 – 完成"对话框。

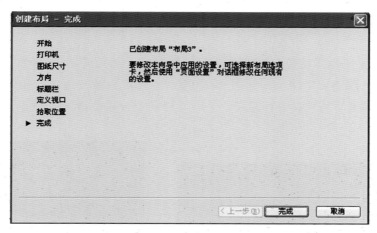

图 8-10 "创建布局 – 完成"对话框

如果对当前的设置都很满意，单击"完成"按钮完成新布局的创建，系统将自动返回到布局空间，显示新创建的布局。

除了使用上面的导向创建新的布局外，还可以使用 LAYOUT 命令在命令行创建布局。用该命令能以多种方式创建新布局，如从已有的模板开始创建、从已有的布局开始创建或从头开始创建。另外，还可以用该命令管理已创建的布局，如删除、改名、保存以及设置等。

8.1.3 视 口

与模型空间一样，用户也可以在布局空间建立多个视口，以便显示模型的不同视图。在布局空间建立视口时，可以确定视口的大小，并且可以将其定位于布局空间的任意位置。因此，布局空间视口通常被称为浮动视口。

1. 创建浮动视口

在创建布局时，浮动视口是一个非常重要的工具，用于显示模型空间和布局空间中的图形。

在创建布局后，系统会自动创建一个浮动视口。如果该视口不符合要求，用户可以将其删除，然后重新建立新的浮动视口。在浮动视口内双击，即可进入浮动模型空间，其边界将以粗线显示，如图 8-11 所示。

在 AutoCAD 中，可以通过以下两种方法创建浮动视口。

（1）选择"视图"/"视口"/"新建视口"菜单命令，在弹出的"视口"对话框中，在"标准视口"列表框中选择两个"垂直"选项时，创建的浮动视口如图 8-12 所示。

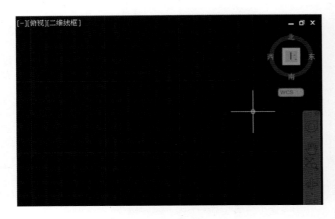

图 8-11 浮动视口

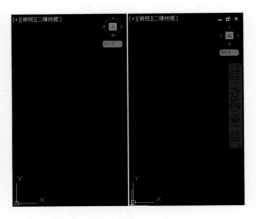

图 8-12 创建的浮动视口

（2）使用夹点编辑创建浮动视口：在浮动视口外双击，选择浮动视口的边界，然后在右上角的夹点拖拽鼠标，先将该浮动视口缩小，如图 8-13 所示。然后连续按两次 Enter 键，在命令提示行中选择"复制"选项，对该浮动视口进行复制，并将其移动至合适位置，如图 8-14 所示。

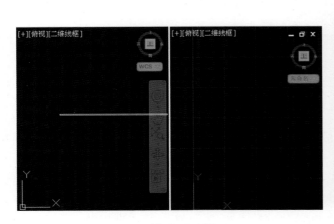

图 8-13 缩小浮动视口

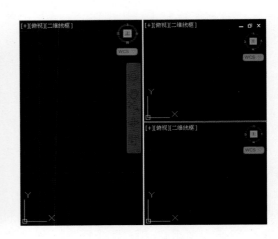

图 8-14 复制并调整浮动窗口

2. 编辑浮动视口

浮动视口实际上是一个对象，可以像编辑其他对象一样编辑浮动视口，如进行删除、移动、拉伸和缩放等操作。

要对浮动视口内的图形对象进行编辑修改，只能在模型空间中进行，而不能在布局空间中进行。用户可以切换到模型空间，对其中的对象进行编辑。

8.2 设置绘图设备

AutoCAD 将有关介质和打印设备的相关信息保存在打印机配置文件中，该文件以 PC3 为文件的扩展名。用户可以为多个设备配置 AutoCAD，并为一个设备存储多个配置。每个绘图仪配置中都包括以下信息：设备驱动程序，型号、设备所连接的输出端口以及设备特有的各种设备等。AutoCAD 可以为相同绘图仪创建多个具有不同输出选项的 PC3 文件。创建 PC3 文件后，该 PC3 文件将显示在"打印"对话框的绘图仪配置名称列表中。

8.2.1 创建 PC3 文件

用户可以通过以下方式创建 PC3 文件。

（1）在命令输入行中输入 plottermanager 后按 Enter 键，或选择"文件"/"绘图仪管理器"菜单命令，或在"控件面板"窗口中双击如图 8-15 所示的"Autodesk 绘图仪管理器"图标。

图 8-15 Autodesk 绘图仪管理器

（2）在打开的窗口中双击"添加绘图仪向导"图标，打开如图 8-16 所示的"添加绘图仪 - 简介"对话框。

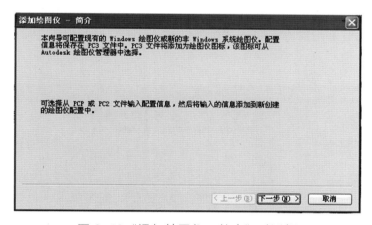

图 8-16 "添加绘图仪 - 简介"对话框

（3）阅读完其中的信息后，单击"下一步"按钮，进入"添加绘图仪 - 开始"对话框，如图 8-17 所示。

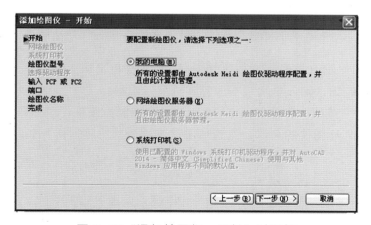

图 8-17 "添加绘图仪 - 开始"对话框

（4）在其中选中"系统打印机"单选按钮，单击"下一步"按钮，打开如图8-18所示的"添加绘图仪-绘图仪型号"对话框。

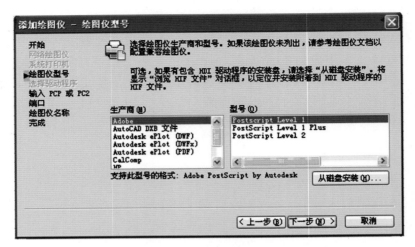

图8-18 "添加绘图仪－绘图仪型号"对话框

（5）在其中的右边列表中选择要配置的系统打印机，单击"下一步"按钮，打开如图8-19所示的"添加绘图仪-输入PCP或PC2"对话框（注：右边列表中列出了当前操作系统能够识别的所有打印机，如果列表中没有要配置的打印机，则必须首先使用"控制面板"中的Windows"添加打印机向导"来添加打印机）。

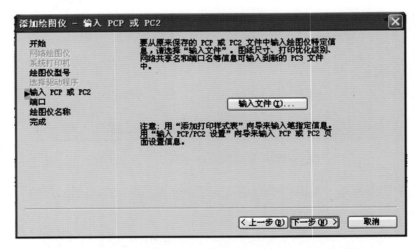

图8-19 "添加绘图仪－输入PCP或PC2"对话框

（6）在其中允许用户输入早期版本的AutoCAD创建的PCP或PC2文件的配置信息。用户可以通过单击"输入文件"按钮，输入早期版本的打印机配置信息。

（7）单击"下一步"按钮，打开如图8-20所示的"添加绘图仪-绘图仪名称"对话框，在"绘图仪名称"文本框中输入绘图仪的名称，然后单击"下一步"按钮，打开如图8-21所示的"添加绘图仪-完成"对话框。

（8）最后，单击"完成"按钮退出"添加绘图仪向导"。

新配置的绘图仪的PC3文件显示在Plotters窗口（见图8-22）中，在设备列表中将显示可用的绘图仪。

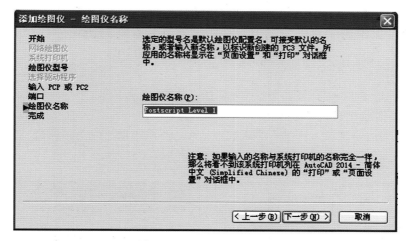

图 8-20 "添加绘图仪 – 绘图仪名称" 对话框

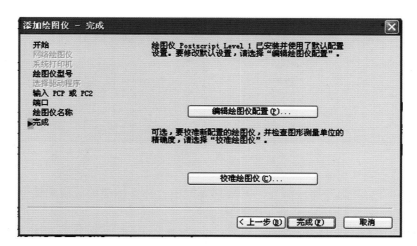

图 8-21 "添加绘图仪 – 完成" 对话框

图 8-22 Plotters 窗口

在"添加绘图仪－完成"对话框中，用户可以单击"编辑绘图仪配置"按钮，来修改绘图仪的默认配置；也可以单击"校准绘图仪"按钮，对新配置的绘图仪进行校准测试。

8.2.2 配置本地非系统绘图仪

配置本地非系统绘图仪的步骤如下。

（1）重复配置系统绘图仪的步骤（1）～（3）。

（2）在打开的"添加绘图仪－开始"对话框中选中"我的电脑"单选按钮后，单击"下一步"按钮，打开如图8-23所示的"添加绘图仪－绘图仪型号"对话框。

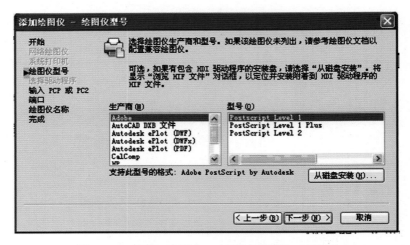

图8-23 "添加绘图仪－绘图仪型号"对话框

（3）用户在其中"生产商"和"型号"下的列表框中，选择相应的厂商和型号后，单击"下一步"按钮，打开"添加绘图仪－输入PCP或PC2"对话框。

（4）在其中允许用户输入早期版本的AutoCAD创建的PCP或PC2文件的配置信息。用户可以通过单击"输入文件"按钮，来输入早期版本的绘图仪配置信息，配置完成后单击"下一步"按钮，打开如图8-24所示的"添加绘图仪－端口"对话框。

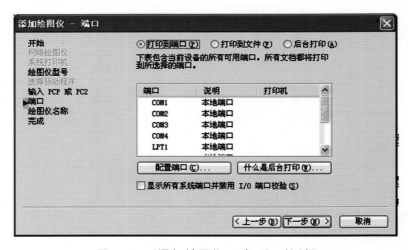

图8-24 "添加绘图仪－端口"对话框

（5）在其中选择绘图仪使用的端口，然后单击"下一步"按钮，打开如图8-25所示的"添加绘图仪－绘图仪名称"对话框。

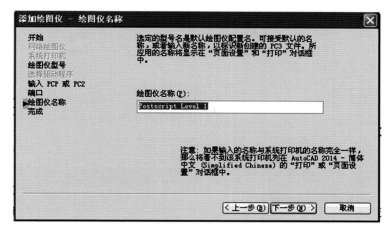

图 8-25 "添加绘图仪 – 绘图仪名称"对话框

（6）在其中输入绘图仪的名称后，单击"下一步"按钮，打开"添加绘图仪 – 完成"对话框。

（7）最后，单击"完成"按钮，退出"添加绘图仪向导"。

8.2.3 配置网络非系统绘图仪

配置网络非系统绘图仪的步骤如下。

（1）重复配置系统绘图仪的步骤（1）~（3）。

（2）在打开的"添加绘图仪 – 开始"对话框中选中"网络绘图仪服务器"单选按钮后，单击"下一步"按钮，打开如图 8-26 所示的"添加绘图仪 – 网络绘图仪"对话框。

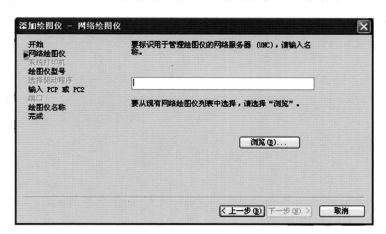

图 8-26 "添加绘图仪 – 网络绘图仪"对话框

（3）在其中的文本框中输入要使用的网络绘图仪服务器的共享名后，单击"下一步"按钮，打开"添加绘图仪 – 绘图仪型号"对话框。

（4）用户在其中"生产商"和"型号"下的列表框中选择相应的厂商和型号后，单击"下一步"按钮，打开"添加绘图仪 – 输入 PCP 或 PC2"对话框。

（5）在其中允许用户输入早期版本的 AutoCAD 创建的 PCP 或 PC2 文件的配置信息。用户可以通过单击"输入文件"按钮，来输入早期版本的绘图仪配置信息，配置完成后单击"下一步"按钮，打开"添加绘图仪 – 绘图仪名称"对话框。

（6）在其中输入绘图仪的名称后，单击"下一步"按钮，打开"添加绘图仪 – 完成"对话框。

（7）最后，单击"完成"按钮，退出"添加绘图仪向导"。

如果用户有早期使用的绘图仪配置文件，在配置当前的绘图仪配置文件时，可以输入早期的 PCP 或 PC3 文件。

8.2.4 从 PCP 或 PC3 文件中输入信息

从 PCP 或 PC3 文件中输入信息的步骤如下。

（1）按照以上配置绘图仪的步骤一步步运行，直到打开"添加绘图仪－输入 PCP 或 PC2"对话框，在此单击"输入文件"按钮，打开如图 8-27 所示的"输入"对话框。

图 8-27 "输入"对话框

（2）在其中用户选择输入文件后，单击"打开"按钮，返回到上一级对话框。

（3）最后，查看"输入数据信息"对话框显示的最终结果。

8.3 图形输出

AutoCAD 可以将图形输出到各种格式的文件，以方便用户将在 AutoCAD 中绘制好的图形文件在其他软件中继续进行编辑或修改。

8.3.1 输出的文件类型

选择"文件"/"输出"菜单命令后，可以打开"输出数据"对话框，在其中的"文件类型"下拉列表中列出了输出的文件类型，如图 8-28 所示。

（1）按 Enter 键，文件以默认格式保存。

（2）命令输入行中会出现"EXPORT 要发布的对象 [全部（A）选择（S）]< 全部 >："，然后按 Enter 键。

（3）命令输入行中会出现"EXPORT 与材质一起分布 [否（N）是（Y）]< 是 >："，再次按 Enter 键。弹出如图 8-29 所示的"查看三维 DWF"对话框，如果要查看文件，则单击"是"按钮；反之则单击"否"按钮。

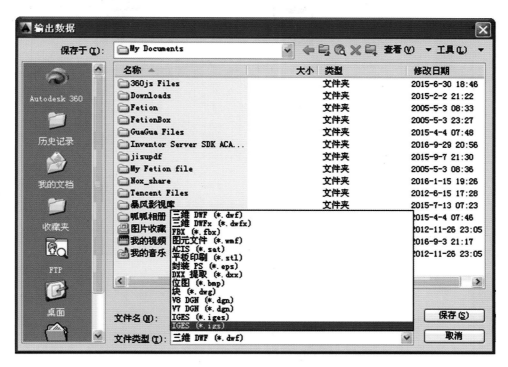

图 8-28 "输出数据"对话框列出了输出的文件类型

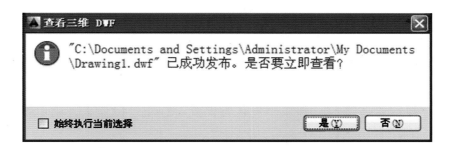

图 8-29 "查看三维 DWF"对话框

8.3.2 输出 PDF 文件

AutoCAD 2014 新增了直接输出 PDF 文件的功能，其使用方法如下。

打开功能区的"输出"选项卡，可以看到"输出为 DWF/PDF"面板，如图 8-30 所示。

图 8-30 "输出为 DWF/PDF"面板

在其中单击"输出 PDF"按钮 PDF，即可打开"另存为 PDF"对话框，如图 8-31 所示，设置好文件名后，单击"保存"按钮，即可输出 PDF 文件。

图 8-31 "另存为 PDF" 对话框

8.5 打印设置

8.4 页面设置

打印是将绘制好的图形用打印机或绘图仪绘制出来。通过本节学习，读者可以掌握如何添加与配置绘图设备、如何配置打印样式、如何设置页面，以及如何打印绘图文件。

用户设置好所有配置后，单击"输出"选项卡中"打印  "面板上的"打印"按钮，或在命令输入行中输入 plot 后按 Enter 键或按 Ctrl + P 组合键，或选择"文件"/"打印"菜单命令，打开如图 8-43 所示的"打印 - 模型"对话框。在该对话框中，显示了用户最近设置的一些选项，用户还可以更改这些选项。如果用户认为设置符合用户的要求，则单击"确定"按钮，AutoCAD 即会自动开始打印。

图 8-43 "打印 - 模型" 对话框

8.5.1 打印预览

在将图形发送到打印机或绘图仪之前，最好先生成打印图形的预览。生成预览可以节约时间和材料。用户可以从对话框预览图形。预览显示图形在打印时的确切外观，包括线宽、填充图案和其他打印样式选项。

预览图形时，将隐藏活动工具栏和工具选项板，并显示临时的"预览"工具栏，其中提供打印、平移和缩放图形的按钮。

在"打印"对话框和"页面设置"对话框中，打印预览还在页面上显示可打印区域和图形的位置。

打印预览的步骤如下。

（1）选择"文件"/"打印"菜单命令，打开"打印"对话框。

（2）在"打印"对话框中，单击"预览"按钮。

（3）打开"预览"窗口，光标将改变为实时缩放光标。

（4）单击鼠标右键可显示打印、平移、缩放、缩放窗口或缩放为原窗口（缩放至原来的预览比例）等快捷菜单。

（5）按 Esc 键退出预览并返回到"打印"对话框。

（6）如果需要，继续调整其他打印设置，然后再次预览打印图形。

（7）设置正确之后，单击"确定"按钮以打印图形。

8.5.2 打印图形

绘制图形后，可以使用多种方法输出。可以将图形打印在图纸上，也可以创建成文件以供其他应用程序使用。以上两种情况都需要进行打印设置。

打印图形的步骤如下。

（1）选择"文件"/"打印"菜单命令，打开"打印 – 模型"对话框。

（2）在"打印 – 模型"对话框的"打印机/绘图仪"下，从"名称"下拉列表框中选择一种绘图仪，如图 8–44 所示。

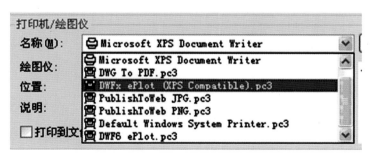

图 8–44 "名称"下拉列表

（3）在"图纸尺寸"下拉列表框中选择图纸尺寸。在"打印份数"中，输入要打印的份数。在"打印区域"选项组中，指定图形中要打印的部分。在"打印比例"选项组中，从"比例"下拉列表框中选择缩放比例。

（4）有关其他选项的信息，单击"更多选项"按钮，如图 8–45 所示。如不需要，则可单击"更少选项"按钮。

图 8–45 单击"更多选项"按钮 ⊙ 后的图示

（5）在"打印样式表（画笔指定）"下拉列表框中，选择打印样式表。在"着色视口选项"和"打印选项"选项组中，选择适当的选项。在"图形方向"选项组中，选择一种方向。

注意：打印戳记只在打印时出现，不与图形一起保存。

（6）单击"确定"按钮，即可进行最终的打印。

附录　常用快捷键

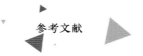

参考文献

[1] 唐建成 . 机械制图及 CAD 基础 [M]. 北京：北京理工大学出版社，2013.

[2] 马义荣 . 工程制图及 CAD[M]. 北京：机械工业出版社，2011.

[3] 刘锋 . 室内设计施工图 CAD 图集 [M]. 北京：中国电力出版社，2012.

[4] 武峰，王深冬，孙以栋 .CAD 室内设计施工图常用图块 [M]. 北京：中国建筑工业出版社，
        2007.

[5] 张英杰 . 建筑室内设计制图与 CAD[M]. 北京：化学工业出版社，2016.

[6] 谭长亮 . 居住空间设计 [M]. 上海：上海人民美术出版社，2012.

[7] 刘静宇 . 居住空间设计 [M]. 上海：东华大学出版社，2016.

[8] 刘怀敏 . 居住空间设计 [M]. 北京：机械工业出版社，2012.

[9] 邱晓葵 . 居住空间设计营造 [M]. 北京：中国电力出版社，2011.

[10] 蒋芳，孙云娟 . 居住空间设计与施工 [M]. 武汉：华中科技大学出版社，2013.